Ada Hang-Heng Wong

Cancro: Tratar ou não tratar

Ada Hang-Heng Wong

Cancro: Tratar ou não tratar

ScienciaScripts

Imprint

Any brand names and product names mentioned in this book are subject to trademark, brand or patent protection and are trademarks or registered trademarks of their respective holders. The use of brand names, product names, common names, trade names, product descriptions etc. even without a particular marking in this work is in no way to be construed to mean that such names may be regarded as unrestricted in respect of trademark and brand protection legislation and could thus be used by anyone.

Cover image: www.ingimage.com

This book is a translation from the original published under ISBN 978-613-8-50316-3.

Publisher:
Sciencia Scripts
is a trademark of
Dodo Books Indian Ocean Ltd. and OmniScriptum S.R.L publishing group

120 High Road, East Finchley, London, N2 9ED, United Kingdom
Str. Armeneasca 28/1, office 1, Chisinau MD-2012, Republic of Moldova, Europe
Printed at: see last page
ISBN: 978-620-7-92682-4

Prefácio

O cancro é frequentemente conhecido pelo público em geral como uma doença fatal que aparece de repente e rapidamente tira a vida. É também uma doença que pode permanecer adormecida durante décadas. É também uma doença que parece ser curável e evitável. É provavelmente a doença mais misteriosa do mundo.

O cancro parece ter-me sido familiar ao longo da minha vida.

O meu primeiro contacto com o cancro foi quando o meu pai me disse, em retrospetiva, que a minha avó tinha morrido de cancro nos ovários. Ponto final.

A sua segunda visita à minha vida aconteceu quando eu tinha oito anos de idade. A minha avó tinha sido diagnosticada com cancro na nasofaringe. Foi submetida a quimioterapia e radioterapia para erradicar o cancro primário. Tudo correu bem até lhe ser diagnosticado um cancro do pulmão metastático três anos mais tarde. A sua saúde deteriorou-se rapidamente e morreu um ano depois.

O cancro voltou a visitar-me quando estava a fazer os meus estudos de pós-graduação na Universidade de Tsinghua. A família de um doente veio ao laboratório para implorar ao meu orientador de tese. Durante uma hora, importunou-me para conseguir o novo medicamento anti-cancro de que o meu orientador tinha falado na televisão. Um facto memorável é que quase se ajoelhou à minha frente quando o meu orientador passou. Ela correu espontaneamente para ele assim que ele apareceu. Graças a Deus!

No entanto, o meu caso de amor com o cancro surgiu quando realizei o Projeto de Medicina de Precisão na Faculdade de Ciências da Saúde da Universidade de Macau, em 2014. Fiquei espantado com a heterogeneidade do tecido canceroso, a perpetuidade destas células e a sua capacidade de escapar à vigilância imunitária. Durante milhares de anos, o ser humano procurou a longevidade. No entanto, quando a encontrámos no cancro, franzimos o sobrolho.

Quer nos regozijemos por termos encontrado um meio de sobrevivência ou sejamos assombrados pelo medo da morte, o cancro é uma ferramenta inestimável para o estudo da biologia. Enquanto cientista que trabalha em medicina de precisão, o meu dever é compreendê-lo e combatê-lo. Com um pouco de sorte, as pessoas que infelizmente herdaram esta doença poderão um dia ser curadas. A nossa visão é prevenir esta doença a longo prazo.

Por esta razão, este livro fornece aos leitores um breve conceito da doença e respostas a alguns mitos, com referências intermitentes a recentes avanços científicos ou tecnológicos em domínios relacionados. Espero que os leitores gostem de ler este livro e compreendam melhor a doença.

Por último, gostaria de dedicar este livro às minhas duas avós já falecidas e a todos aqueles que sofreram de cancro. Que descansem em paz.

Índice

Capítulo 1 Cancro: factos e fraudes

O cancro é definido como o crescimento incontrolável de um tecido anormal. Há dois pontos a salientar aqui: (1) o crescimento do cancro é incontrolável e (2) o cancro é ANORMAL. Com esta definição, os tumores benignos não são cancros. Um caroço na pele não é cancro. Por conseguinte, apenas o tecido maligno que cresce continuamente e não funciona é considerado cancro.

A primeira descrição de uma doença cancerígena remonta a 3000 a.C., num texto médico egípcio chamado *Papiro de Edwin Smith* (ACS, 2018). O cancro ósseo foi observado em múmias egípcias. Na altura, esta doença foi descrita como "não tratável".

No entanto, a palavra "cancro" provém das palavras gregas "carcinos" ou "carcinoma", ambas significando "caranguejo", devido ao aspeto visual do cancro observado pelo médico grego Hipócrates (460 a.C. - 370 a.C.) (Wikipedia, 2018). Posteriormente, Celsus (25 a.C. - 50 d.C.) substituiu-o por "cancro", que significa caranguejo em latim, para designar todos os tipos de tumores malignos (Wikipédia, 2018). Galeno também chamou ao cancro "oncos", que significa inchaço em grego, e esta palavra derivou em oncologia, o estudo de todos os tipos de cancro (Wikipédia, 2018). Hoje em dia, os médicos que estudam o cancro são chamados oncologistas.

Tal como o seu nome evoluiu ao longo do tempo, também a perceção humana da etiologia do cancro evoluiu. No tempo de Hipócrates, pensava-se que o cancro tinha origem num excesso de bílis negra, que foi um dos quatro humores na filosofia grega durante mais de 2000 anos (Wikipedia, 2018). A história evoluiu e o cancro passou a ser visto como derivado de uma linfa degenerada (ACS, 2018). Com os avanços na patologia celular durante o tempo do famoso patologista alemão Rudolph Virchow (1821 - 1902), a conceção do cancro como uma doença derivada de células foi finalmente estabelecida (ACS, 2018). Os avanços na microscopia também fizeram avançar o nosso conhecimento sobre a formação do cancro e a sua metastização. Em 1976, a descoberta do oncogene *src* lançou as bases da oncologia molecular (ACS, 2018). Esta descoberta marcou também o início da idade de ouro dos oncogenes e dos genes supressores de tumores, que promovem e reprimem o cancro, respetivamente. Naquela época, a perceção do oncogene levou espontaneamente à visão de que "o cancro é simplesmente o resultado de uma mutação genética", o que acabou por restringir a investigação do cancro a estudos genéticos. No entanto, os estudos genéticos em grande escala sobre a progressão do cancro e as metástases fizeram renascer a ideia de que "o cancro é complexo". Além disso, os avanços nos estudos unicelulares apoiaram a "singularidade do cancro a nível unicelular". Esta situação criou um nicho rico para os estudos oncológicos, desde o nível macroscópico do organismo até ao nível microscópico dos tecidos e das células. Até à data, a oncologia tem sido estudada intensivamente a diferentes níveis da fisiologia e da biologia celular.

Com a evolução da etiologia do cancro, o mesmo aconteceu com a terapia do cancro ao longo do tempo. A cirurgia foi utilizada desde a descoberta do cancro, mas as taxas de sobrevivência eram extremamente baixas devido à má assepsia e à falta de anestesia (ACS, 2018). [th]No final do século XIX, a radioterapia apareceu em muitos hospitais (ACS, 2018). Isto favoreceu também o tratamento combinatório do cancro com diferentes estratégias terapêuticas (ACS, 2018). A quimioterapia foi então utilizada graças aos progressos da síntese química e ao conhecimento dos cancros do sangue. [st]No século XXI, a terapia dirigida atingiu o seu apogeu após décadas de estudos moleculares. Nos últimos anos, a imunoterapia ganhou destaque devido à sua baixa toxicidade. Além disso, a ascensão do naturismo na sociedade favoreceu também a exploração natural do sistema imunitário do hospedeiro para lutar contra o cancro.

Por conseguinte, o cancro sofreu alterações evolutivas em termos de nomenclatura, etiologia e terapia.

Características de todos os cancros

A partir da definição clínica de cancro, parece tratar-se de uma vasta categoria de doenças que diferem em termos de etiologia, histopatologia e fisiologia. No entanto, existem também pontos comuns entre todos os cancros, tal como proposto por Hanahan e Weinburg (Hanahan e Weinberg, 2011):

(1) Proliferação sustentável

A proliferação sustentada refere-se ao aumento contínuo da população de células cancerígenas. Nos sistemas celulares, o efeito Allee desempenha frequentemente um papel na regulação da proliferação celular em função da densidade populacional, a fim de assegurar o seu próprio bem-estar. No entanto, as células cancerosas escapam à regulação do stress mecânico e exploram factores de crescimento através de sinalização autócrina e parácrina para manter a proliferação apesar da densidade celular excessiva. Este facto conduz, em última análise, à progressão contínua da doença, observada no aumento das massas tumorais.

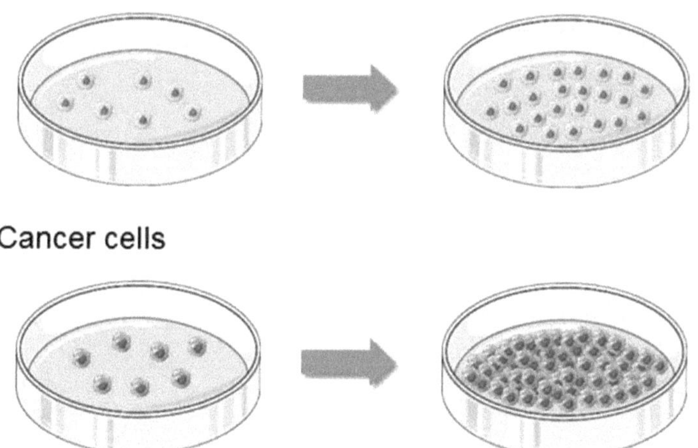

Figura 1. O cancro escapa ao efeito Allee nos sistemas biológicos. As células normais param de proliferar quando a densidade celular atinge a confluência. As células cancerígenas, por outro lado, continuam a crescer. A ilustração foi criada a partir de diagramas partilhados pela Servier Medical Art (https://smart.servier.com/) no Microsoft Powerpoint.

(2) Fuga dos supressores de crescimento

Os supressores de crescimento regulam o crescimento e a

proliferação das células para garantir o seu próprio bem-estar. No entanto, as células cancerosas desactivam estes mecanismos para assegurar o seu crescimento contínuo. A resistência à morte celular é conseguida através da produção sustentada de factores de crescimento, como o fator de crescimento semelhante à insulina 1 (IGF1) e o fator de crescimento epidérmico (EGF), que promovem a proliferação celular (Witsch et al., 2010). A desregulação das cinases dependentes de ciclina (CDK) desencadeia uma proliferação celular caótica e a violação dos pontos de controlo do ciclo celular, o que promove a carcinogénese (Kastan e Bartek, 2004; Malumbres e Barbacid, 2009).

As células cancerosas também escapam à morte celular. As células normais morrem espontaneamente por apoptose, também conhecida como morte celular programada. A apoptose pode ser desencadeada por sinais intrínsecos, como a depleção de nutrientes e a acumulação de espécies radicais de oxigénio (ERO), ou por sinais apoptóticos extrínsecos, como a ligação do ligando Fas (FasL) ao recetor Fas (Fas), levando, em última análise, à ativação de caspases (Elmore, 2007; Ouyang et al., 2012). As caspases são uma família de cisteína proteases que clivam proteínas em locais específicos para causar disfunção nas células (Shi, 2002). As células cancerosas inibem a apoptose aumentando os inibidores apoptóticos e reduzindo as proteínas pró-apoptóticas.

(2) Imortalidade replicativa

Os biólogos celulares sabem que muitas linhas celulares têm passagens limitadas. No entanto, as células cancerosas são imortalizadas, o que significa que são capazes de passar por um número infinito de ciclos de divisão celular. A mortalidade por replicação é regulada pela senescência. A senescência é causada pelo encurtamento dos telómeros, que leva à degradação dos cromossomas. As células cancerosas contornam a senescência através da sobreexpressão da telomerase, uma enzima que mantém a integridade dos telómeros (Artandi e DePinho, 2010) ou, em casos raros, desencadeando um sistema de recombinação para manter o comprimento dos telómeros (Hanahan e Weinberg, 2011).

(3) Instabilidade e mutação do genoma O cancro é considerado uma doença genética causada por numerosas mutações genéticas. Por exemplo, as variações de nucleótido único (SNV), as variações do número de cópias (CNV), as inserções e as deleções (indels) são endémicas nos cancros. Além disso, os cancros sofrem instabilidade do genoma, representada pela transposição de fragmentos cromossómicos. Estas mutações seleccionam populações de subclones pró-sobrevivência, de modo a que os cancros possam ultrapassar os tecidos normais.

Um dos exemplos mais conhecidos é o *TP53, cuja* mutação somática conduz ao crescimento canceroso em quase todos os tipos de tecidos (Olivier et al., 2010). A *TP53* é uma proteína do ponto de controlo dos danos no ADN que ajuda a parar a mitose quando os danos não são reparados. A paragem da *TP53* ajuda as células cancerosas a manter um estado hipermutado que, por sua vez, selecciona mais mutações para apoiar a proliferação.

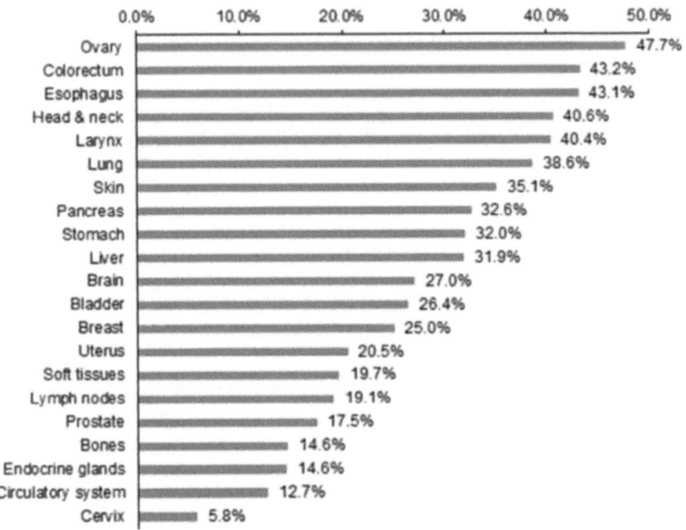

Figura 2. Prevalência da mutação do gene *TP53* em diferentes cancros. As mutações no gene *TP53* são detectadas na maioria dos cancros. O gráfico foi modificado de Olivier *et al* (Olivier et al., 2010) no Microsoft Excel.

Em contraste com o *TP53*, outros genes têm funções mais específicas por tipo. Por exemplo, as mutações *ras* são mais comuns nos cancros do pulmão e do cólon, enquanto as mutações *PI3KCA* são mais frequentes no cancro da mama (Tomczak et al., 2015). A identificação de biomarcadores específicos do tipo de cancro não só contribuiu para a subtipagem molecular dos cancros, como também permitiu progressos na deteção precoce dos cancros por biópsia sanguínea. Isto reduz a dor causada pela biopsia com agulha.

Com o advento da medicina de precisão e da sequenciação de nova geração (NGS), estão a ser identificados cada vez mais biomarcadores para ilustrar os diferentes mecanismos de sobrevivência do cancro.

(4) Reprogramação do metabolismo energético

Devido às muitas mutações no cancro e à necessidade de lidar com o seu microambiente, as células cancerosas alteraram o seu metabolismo energético em comparação com as suas homólogas nos tecidos normais. O efeito Warburg (Vander Heiden et al., 2009) descreve a forma como as células cancerosas utilizam a glicose, uma importante fonte de energia, de uma forma diferente das células normais. Além disso, estudos demonstraram que as células cancerosas aumentam a síntese lipídica em comparação com as suas homólogas normais (Baenke et al., 2013), o que sugere a sua capacidade de redirecionar a síntese lipídica.

A alteração do metabolismo energético confere às células cancerosas a capacidade de lidar com um microambiente hipóxico e ácido induzido pelo rápido crescimento do tumor.

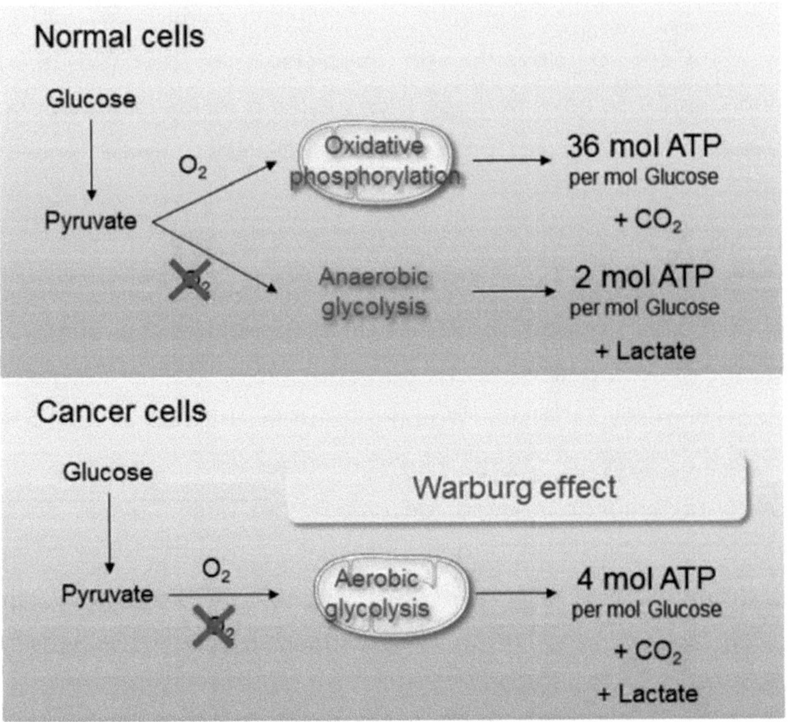

Figura 3. As células cancerosas utilizam uma via metabólica diferente das células normais para converter ATP a partir da glicose. Este efeito é conhecido como efeito Warburg (Vander Heiden et al., 2009). A ilustração foi criada a partir de diagramas partilhados pela Servier Medical Art (https://smart.servier.com/) no Microsoft Powerpoint.

(6) Evitar a destruição imunitária

O sistema imunitário protege o nosso corpo de invasões externas e evita a autodestruição. Em doentes com artrite reumatoide, inferiu-se que o aumento dos níveis de PD-1 no soro e de PD-L1 no tecido sinovial desencadeia a autoimunidade (Guo et al., 2018). Para evitar a vigilância imunitária, as células cancerígenas expressam PD-L1 para se camuflarem como células endógenas, a fim de suprimir a atividade de PD-1 das células T (Zitvogel e Kroemer, 2012).

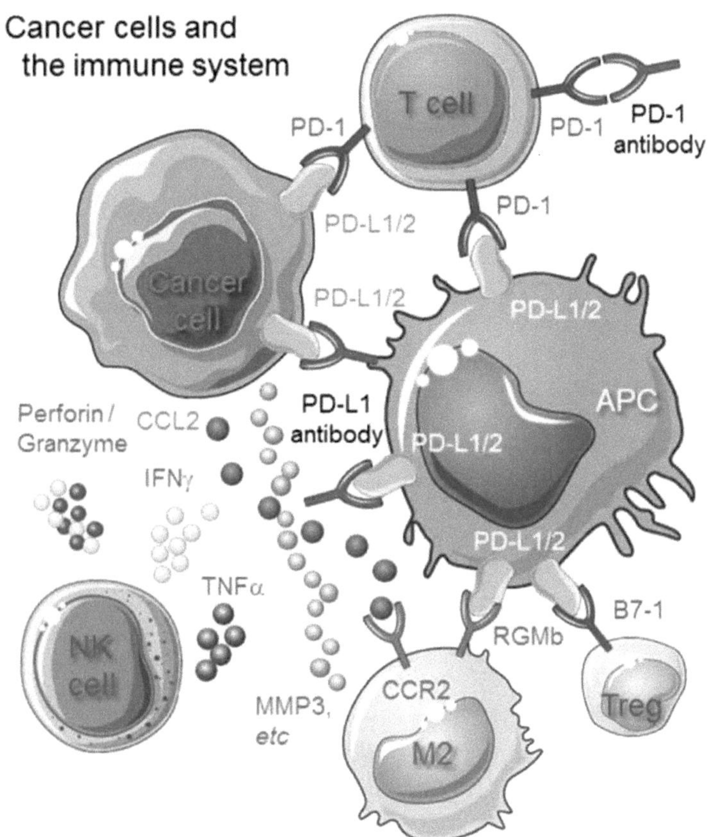

Figura 4. Braço de ferro entre as células cancerosas e as células imunitárias. As células cancerosas expressam PD- L1/2 para se camuflarem contra o reconhecimento das células imunitárias e recrutarem células macrofágicas (M2) através da secreção de CCL2. Por outro lado, as células assassinas naturais (NK) segregam citocinas para combater o cancro. A ilustração foi criada a partir de diagramas partilhados pela Servier Medical Art (https://smart.servier.com/) no Microsoft Powerpoint.

Para além de evitarem a vigilância imunitária, as células cancerígenas também segregam CCL2 para recrutar células macrofágicas, que por sua vez segregam factores de crescimento para estimular a proliferação do cancro (Wolf et al., 2012). Por outro lado, as células natural killer (NK) segregam citocinas como a perforina, as granzimas, o interferão gama (IFNy) e o fator de necrose tumoral alfa (TNFa) para combater o cancro (Martinez-Lostao et al., 2015).

O nosso sistema imunitário constitui assim uma barreira natural contra a carcinogénese. A imunoterapia, cuja descoberta valeu a James Allison e Tasuku Honjo o Prémio Nobel da Fisiologia ou da Medicina de 2018 (NobelPrize.org, 2018), consiste em libertar o sistema imunitário para retomar o ataque às células cancerosas. No entanto, ainda há obstáculos a ultrapassar para aperfeiçoar a imunoterapia de modo a obter a máxima eficácia, minimizando o risco de desencadear a autoimunidade. É necessária mais investigação.

(5) Inflamação promotora de tumores

A inflamação é a ativação da resposta imunitária para combater uma invasão exógena. No entanto, as células cancerígenas são suficientemente inteligentes para manipular o sistema imunitário para promover a sua progressão e a formação de metástases, ou seja, a sua disseminação para outros órgãos. Por exemplo, o cancro desencadeia a inflamação para promover a libertação de citocinas e quimiocinas pelas células imunitárias (Grivennikov et al., 2010), promover a angiogénese através da secreção de factores pró-angiogénicos e modificadores da matriz (Kerbel, 2008), *etc.*, para favorecer o seu início e progressão. O cancro também utiliza os macrófagos para criar metástases (Qian e Pollard, 2010). De um modo geral, os macrófagos são células imunitárias que engolfam micróbios patogénicos, como bactérias e fungos, a fim de os eliminar do corpo humano. A imunidade pode ser amiga ou inimiga em diferentes circunstâncias do cancro (Grivennikov et al., 2010). Por conseguinte, é necessário aprofundar a investigação sobre a interação entre o sistema imunitário e o cancro.

(6) Indução da angiogénese

O cancro precisa de sangue para absorver nutrientes e excretar produtos residuais. Os vasos sanguíneos são também canais para a metástase do cancro. Por este motivo, as células cancerígenas segregam factores pró-angiogénicos, como os factores de crescimento endotelial vascular (VEGF), para promover a formação de vasos sanguíneos (Rajabi e Mousa, 2017) e para suprimir a acumulação e a migração de células imunitárias para o local do tumor (Voron et al., 2014).

A infiltração de macrófagos, neutrófilos, mastócitos e progenitores mieloides nos tecidos cancerosos promove a angiogénese patológica, conduzindo à progressão do cancro. Estas células progenitoras vasculares derivadas da medula óssea podem mesmo tornar-se pericitos ou endoteliais da neovasculatura (Chroscinski et al., 2015; Ricci-Vitiani et al., 2010).

(7) Invasão e metástases

A metástase do cancro refere-se à disseminação do cancro do local primário para um tecido ou órgão distante. As metástases do cancro desenvolvem-se por várias razões: (a) depleção de nutrientes, que leva à migração para locais mais nutritivos; (2) administração de medicamentos, que provoca a morte celular, inflamação, *etc.*, e *permite a fuga do cancro; (3) infiltração de macrófagos, que leva à migração para locais mais nutritivos, (3) infiltração de macrófagos, que* leva as células cancerosas para o sistema circulatório, permitindo a migração; (4) preparação metastática, que envolve o transporte de exossomas para o local pré-metastático para iniciar a metástase do cancro; e (5) metástase espontânea, cujo mecanismo é desconhecido.

As metástases do cancro conduzem geralmente a uma doença mais agressiva e à resistência aos medicamentos (Martin et al., 2000-2013). As metástases que atingem vários órgãos conduzem também a disfunções nesses órgãos, o que resulta numa fisiologia deficiente em todo o corpo. É por esta razão que está em curso a investigação destinada a impedir as metástases do cancro.

Processo de metástase do cancro

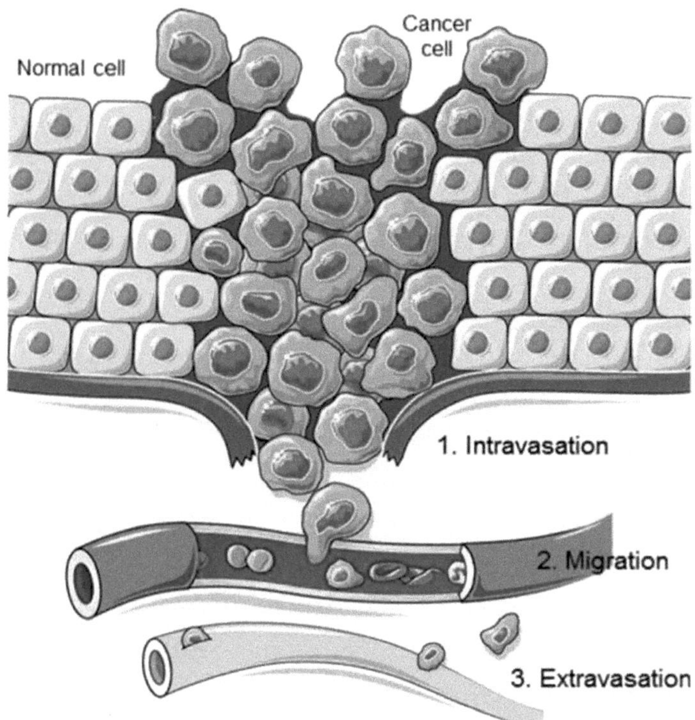

Figura 5. O processo de metástase do cancro. A metástase do cancro envolve quatro etapas críticas: (1) intravasamento, ou seja, a invasão das células cancerosas nos vasos sanguíneos; (2) migração, do local primário para o local metastático; (3) extravasamento, ou seja, a saída das células cancerosas para os vasos sanguíneos; (4) migração, do local primário para o local metastático.
de células cancerígenas dos vasos sanguíneos para o local metastático; e (4) colonização, ou seja, a predominância de células cancerígenas no local metastático. A ilustração foi criada a partir de diagramas partilhados pela Servier Medical Art (https://smart.servier.com/) no Microsoft Powerpoint.

As características do cancro descrevem o que é comum a todos os tipos de cancro. Todas estas características são essenciais para a agressividade e a letalidade da doença. É por isso que a conceção de terapias se centra frequentemente numa ou mais destas características do cancro.

Nas secções seguintes, discutiremos os factos e as fraudes sobre o cancro que se encontram generalizadas entre o público em geral.

O cancro é contagioso

Ao contrário da gripe e de muitas doenças de pele, o cancro humano não é contagioso. Até à data, o único cancro transmissível conhecido na Terra é um tumor facial nos diabos da Tasmânia, conhecido como Devil facial tumor disease (DFTD) (Dennis, 2006). A DFTD propaga-se através da mordedura habitual de animais, o que sugere uma teoria de aloenxerto (Pearse e Swift, 2006), em vez de contagiosidade. No entanto, as espécies hospedeiras desenvolvem rapidamente resistência imunitária, mantendo a existência da espécie (Epstein et al., 2016).

Do mesmo modo, o transplante de órgãos pode desencadear o desenvolvimento de cancro no recetor. O risco global de cancro foi de 1.374,7 por 100.000 pessoas-ano, com um rácio de incidência padronizado (SIR) de 2,10 (Engels et al., 2011). Nos adultos, 32 neoplasias malignas diferentes foram correlacionadas com o transplante de órgãos, com o maior risco para o linfoma não-Hodgkin, pulmão, fígado e rim, com SIRs de 7,54, 1,97, 11,56 e 4,65, respetivamente (Engels et al., 2011). O risco de cancro do pulmão foi elevado nos receptores de pulmão e nos receptores de outros órgãos, enquanto o risco de cancro do rim foi elevado nos receptores de rim, fígado e coração (Engels et al., 2011). Por outro lado, o risco de cancro do fígado era simplesmente elevado nos receptores de fígado (Engels et al., 2011). Por outro lado, os receptores pediátricos apresentavam um risco de cancro significativamente mais elevado do que os adultos: foram diagnosticados 392 casos de cancro em receptores pediátricos numa população de 17 958 receptores pediátricos (Yanik et al., 2017). Além disso, 71% destes receptores pediátricos diagnosticados foram diagnosticados com linfoma não-Hodgkin, com um SIR de 212, e o maior risco ocorreu no primeiro ano após o transplante (Yanik et al., 2017). Além disso, a transmissão do vírus Epstein-Barr (EBV) a partir do órgão do dador ou durante o transplante conferiu risco de cancro (Yanik et al., 2017).

Como o cancro não é contagioso, uma pandemia não constitui um problema. Por conseguinte, o cancro é considerado um problema de saúde crónico na maioria dos países. Além disso, como a maioria dos cancros não é previsível, muitos só são diagnosticados durante um exame corporal de rotina. Recentemente, os EUA introduziram o rastreio bienal do cancro da mama para as mulheres com 50 anos ou mais (USPSTF, 2018). Hong Kong e Macau propuseram iniciativas de colonoscopia para a deteção precoce do cancro do cólon. Infelizmente, devido aos custos e às limitações das infra-estruturas médicas, o rastreio intensivo não é viável na maioria dos países.

Embora o cancro não seja contagioso, os agentes mutagénicos ambientais podem aumentar a incidência de cancro numa população. Estudos sobre a catástrofe nuclear de Chernobyl revelaram que a exposição à radiação ionizante do iodo-131 conduziu a um aumento do risco de cancro da tiroide, sobretudo em crianças e mulheres (Cardis e Hatch, 2011). O risco de cancro da tiroide também foi elevado, particularmente em pessoas com deficiência de iodo (Cardis e Hatch, 2011). Por conseguinte, as pessoas que viviam nas zonas afectadas pela explosão da central nuclear de Fukushima receberam suplementos de iodo, o que reduziu o risco de cancro da tiroide (Witt, 2016).

Os cancros induzidos por vírus também podem ser transmitidos por infeção viral. O papilomavírus humano (HPV) é a causa do cancro do colo do útero (Winer et al., 2006). O HPV é transmitido através de relações sexuais, pelo que a utilização de preservativos pode reduzir significativamente o risco de transmissão do HPV (Winer et al., 2006). Do mesmo modo, o vírus da hepatite B (VHB), transmitido através do sangue e dos fluidos corporais (OMS, 2018), conduz a uma maior incidência de cancro do fígado (Leung, 2005). A partilha de objectos pessoais e domésticos, como toalhas, escovas de dentes, *etc.*, aumenta o risco de infeção pelo VHB, ao passo que a partilha de utensílios de cozinha e de beber tem pouco impacto (Goh et al., 1985). Além disso, o vírus da imunodeficiência humana (VIH) tem efeitos imunossupressores profundos e actua como um co-carcinogéneo para outros vírus oncogénicos, como o KSHV e o HTLV-1, que causam o sarcoma de Kaposi e o linfoma de células T, respetivamente (Gapstur et al., 2018).

De um modo geral, embora o cancro não seja contagioso, a existência de factores de risco em determinadas zonas geográficas aumenta a incidência do cancro na população afetada.

O cancro é hereditário

O cancro é causado por mutações genéticas. Os seres humanos são diplóides, o que significa que têm dois conjuntos de 23 cromossomas. Cada um dos nossos cromossomas tem dois alelos, um do nosso pai e outro da nossa mãe. Os genes são transmitidos de geração em geração através da fertilização. As mutações letais embrionárias conduzem à morte prematura e, por isso, não podem ser transmitidas. No entanto, certas mutações que ocorrem num dos pais podem ser herdadas pelos seus descendentes, desde que o gene permaneça funcional numa única cópia. As famílias constituídas por estes portadores são, por conseguinte, consideradas famílias de alto risco.

Foi realizada uma grande quantidade de investigação para identificar famílias com elevado risco de vários tipos de cancro. O Atlas do Genoma do Cancro (TCGA) contém uma das maiores coortes de mutações do cancro humano, compreendendo 2,5 petabytes de dados de mais de 11 000 pacientes e 33 tipos de cancro (Tomczak et al., 2015). A exploração das bases de dados, com ou sem combinação das suas próprias coortes, permitiu identificar numerosos genes ligados ao cancro. Entre eles, os genes *BRCA1* e *BRCA2* são particularmente prevalentes num subtipo de cancro da mama conhecido como cancro da mama triplo-negativo (TNBC). Os genes *BRCA codificam* duas proteínas redundantes envolvidas na replicação do ADN e na reparação de danos no ADN. As proteínas BRCA1 e BRCA2 estão envolvidas em vários complexos de replicação do ADN. Desempenham também um papel fundamental nos mecanismos de reparação de danos no ADN, nomeadamente a recombinação homóloga (HR) e a união não homóloga (NHEJ). A HR e a NHEJ são dois dos principais mecanismos de reparação do ADN para lesões de longa duração.

reparação do ADN. Consequentemente, os cancros que mantêm um estado altamente mutagénico são tolerantes à mutação e atenuam a reparação dos danos no ADN. Embora o cancro da mama *com mutações BRCA represente* menos de 30% de todos os cancros da mama, é frequentemente agressivo e resistente aos medicamentos.

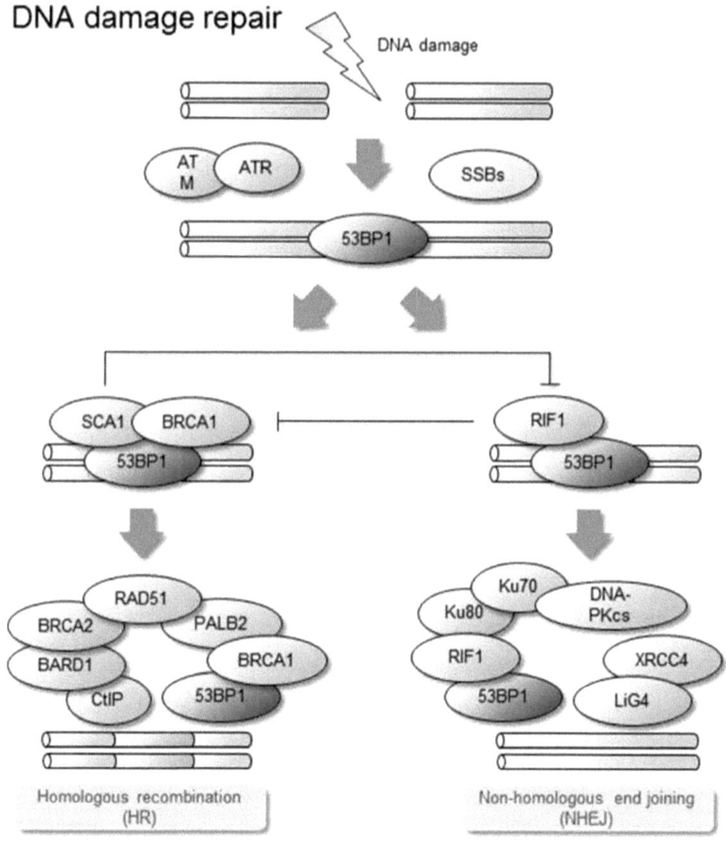

Figura 6: Genes *BRCA* e o seu envolvimento nas vias de reparação de danos no ADN.

Numa quebra de cadeia dupla, 53BP1 é recrutado para o local danificado para iniciar a reparação. O recrutamento de BRCA1 por 53BP1 dirige a reparação através da via de recombinação homóloga (HR), enquanto RIF1 inibe o recrutamento de BRCA1 e dirige a reparação através da via de junção não homóloga (NHEJ). A ilustração foi criada utilizando o Microsoft Powerpoint.

O cancro prefere os ricos

As taxas de incidência do cancro são mais elevadas nos países desenvolvidos do que nos países em desenvolvimento (Steward, 2014). No entanto, tendo em conta os deficientes sistemas de diagnóstico clínico e de registo nos países em desenvolvimento, não é possível determinar, a partir dos dados disponíveis, se a incidência do cancro está realmente relacionada com a riqueza.

A nível individual, não há provas convincentes de que as pessoas abastadas sejam mais propensas a desenvolver cancro. No entanto, as pessoas abastadas têm melhor acesso a diagnósticos avançados, o que se traduz em taxas de diagnóstico mais elevadas. Além disso, as pessoas com um bom nível de educação tendem a estar mais conscientes do seu estado de saúde do que as pessoas com menos educação. A maior frequência de exames corporais permite também diagnosticar cancros numa fase precoce. Por conseguinte, as classes com um Índice de Desenvolvimento Humano (IDH) elevado têm, sem dúvida, mais hipóteses de detetar o cancro numa fase precoce.

A correlação a nível individual entre o cancro e a riqueza foi ainda mais atenuada pela correlação cientificamente validada entre a incidência do cancro e um índice de massa corporal (IMC) elevado ou, por outras palavras, a obesidade (Arnold et al., 2015; Lauby-Secretan et al., 2016). Nos Estados Unidos, a pobreza coincide com a obesidade (Levine, 2011). Foi demonstrado que a obesidade está positivamente correlacionada com um certo número de cancros (Lauby-Secretan et al., 2016),

2016)   . Um estudo aprofundado da correlação entre a pobreza e a obesidade mostrou que a obesidade na idade adulta é largamente determinada pela pobreza na primeira infância (Li et al., 2018). As pessoas que vivem em áreas empobrecidas têm acesso limitado a alimentos frescos e instalações desportivas, o que leva à desnutrição e a estilos de vida sedentários (Li et al., 2018). A subnutrição devida à pobreza conduz a uma dieta desequilibrada e, por conseguinte, à obesidade. A sobrenutrição é o outro extremo do equilíbrio nutricional que alimenta o cancro. Uma vez que a carcinogénese ocorre num estado de alta energia, os ambientes nutritivos favorecem sem dúvida o crescimento do cancro. É por isso que estão em curso investigações sobre a "morte por inanição dos cancros" (Obrist et al., 2018). No entanto, é de notar que as células cancerosas utilizam um mecanismo de metabolismo energético diferente do das células normais (Vander Heiden et al., 2009). Tirando partido da assinatura metabólica das células cancerígenas, a manose foi administrada por via oral para inibir o crescimento do cancro em ratinhos (Gonzalez et al., 2018). A manose inibiu a absorção de glicose, mas não afectou significativamente o peso e a saúde dos ratinhos estudados (Gonzalez et al., 2018). A sensibilização das células cancerosas à quimioterapia foi conseguida com baixos níveis teciduais de fosfomanose isomerase (PMI) para encolher os tumores (Gonzalez et al., 2018). Esta descoberta representa uma nova forma de combater o cancro através da alimentação.

Em conclusão, o cancro não prefere os ricos. No entanto, a pobreza está relacionada com o cancro nos Estados Unidos, devido às condições de vida e aos factores comportamentais específicos dos pobres.

Capítulo 2 Oncologia de precisão: um movimento global

[st]O cancro foi colocado no topo da lista da iniciativa de medicina de precisão anunciada pelo Presidente dos EUA, Barack Obama, na Casa Branca, em 21 de janeiro de 2015. Muitos países responderam ao apelo e, desde então, foram investidos milhares de milhões de dólares neste domínio. Embora a medicina de precisão abranja todos os tipos de doenças agudas e crónicas, o cancro é o foco comum de todas as iniciativas nacionais. Apesar das diferenças demográficas, o cancro é uma das principais causas de morte em todo o mundo, sobretudo nos países desenvolvidos que são suficientemente ricos para investir na investigação médica.

De acordo com as estatísticas GLOBOCAN, 14,1 milhões de novos casos de cancro (excluindo o cancro da pele não melanoma) foram diagnosticados em todo o mundo em 2012 (Steward, 2014). Em 2012, 32,6 milhões de pessoas viviam com cancro (no prazo de 5 anos após o diagnóstico), o que corresponde a 4,6% dos 7 mil milhões de habitantes do mundo (PRB, 2012). 8,2 milhões de pessoas morreram de cancro em todo o mundo em 2012 (PRB, 2012).

De facto, mais de um terço das mortes em Macau são devidas ao cancro todos os anos, mas o número total de mortes anuais por todas as causas é inferior a alguns milhares até agora (SSM, 2013). Por outro lado, a China é responsável por cerca de 40% de todos os casos de cancro no mundo, ou seja, 3,8 milhões de casos em 2013 (NBSC, 2017). Além disso, o cancro tem sido a principal causa de morte na China desde 1998 (22,6%) e manteve-se assim até 2016 (15,5%) (NBSC, 2017). Em comparação, o cancro foi a segunda principal causa de morte (22,0%) nos Estados Unidos em 2016 (CDC, 2015). No entanto, a taxa de mortalidade por cancro foi de 106,1 por 100 000 pessoas na China em 2013 (NBSC, 2017), enquanto foi de 163,5 por 100 000 pessoas na China em 2016 (NBSC, 2017).

nos Estados Unidos (NCI, 2018).

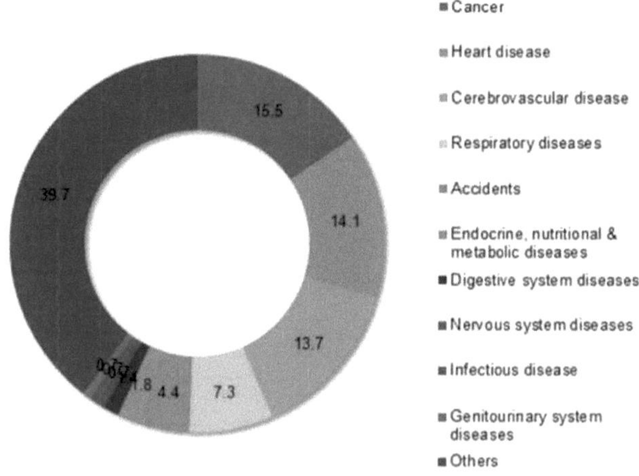

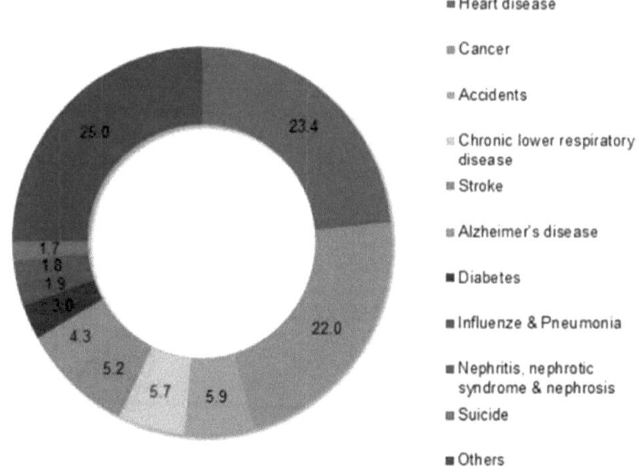

Figura 7. Taxas de mortalidade para as principais causas de morte na China (CDC, 2015) e nos Estados Unidos em 2016 (NCI, 2018). O gráfico foi elaborado utilizando o Microsoft Excel.

O número maciço de mortes causadas pelo cancro justifica o interesse social na luta contra esta doença. No entanto, é preciso notar que o cancro não é a doença mais mortal. Por exemplo, a mortalidade por diabetes foi de 76,9 por 1 000 pessoas nos Estados Unidos (Bertoni et al., 2002), enquanto os riscos de mortalidade aumentaram em doentes com cancro com diabetes de tipo II (8,45 por 1 000 pessoas-ano) em comparação com o grupo de controlo (7,64 por 1 000 pessoas-ano) (Tancredi et al., 2015). No entanto, 30,3 milhões de americanos tinham diabetes em 2015, enquanto a maioria (84,1 milhões) vivia com pré-diabetes, o que tinha pouca influência no seu estado de espírito (CDC,
2017) . O impacto social da incidência e das mortes por cancro está, portanto, provavelmente na origem da sua importância para o desenvolvimento das políticas governamentais.

Para além do valor social do cancro, o valor económico do mercado da oncologia também está a impulsionar estes movimentos nacionais. Por exemplo, as receitas do mercado de medicamentos contra o cancro ascenderam a 45,5 mil milhões de dólares em todo o mundo em 2017 (Statista, 2018). Só na China, as vendas de medicamentos contra o cancro ascenderam a 9,7 mil milhões de RMB em 2015 (Jianshiju,
2018) . Estima-se que o mercado mundial do cancro cresça a uma

taxa de crescimento anual composta (CAGR) de 7,1% (Tatkare, 2015). Perante estes números, os decisores políticos vêem naturalmente o cancro como um excelente candidato para lançar uma iniciativa nacional.

Por último, o cancro é visto como um problema de saúde crónico que não está sujeito a quaisquer restrições geográficas ou demográficas. No passado, o cancro era visto como uma consequência do envelhecimento. No entanto, à luz da diminuição da idade de aparecimento dos doentes com cancro, esta perspetiva tem sido posta em causa. No entanto, este fenómeno pode ser explicado pela melhoria das técnicas de diagnóstico e por uma maior sensibilização para os problemas de saúde.

Até à data, muitos cancros não podem ser previstos, prevenidos ou curados. O longo período probatório e o desconhecimento do tempo de progressão colocam problemas aos profissionais de saúde. A falta de uma tecnologia de deteção comum também coloca problemas para a deteção precoce do cancro. Por conseguinte, o apelo a uma iniciativa nacional contra o cancro é suficiente para melhorar os cuidados de saúde de uma forma colaborativa.

Em conclusão, o cancro fornece a motivação científica, social e económica para apoiar iniciativas de cuidados de saúde à escala nacional.

Terapia informada pelo doente

Há dez anos, antes da introdução do conceito de medicina de

precisão, os doentes e/ou as suas famílias tinham pouca influência na sua estratégia de tratamento. No entanto, na era da medicina de precisão, os doentes devem desempenhar um papel na tomada de decisões.

Passar de um sistema centrado no profissional para um modelo informado pelo doente exige toda uma série de avanços.

Em primeiro lugar, os doentes devem estar bem informados. Para tal, é necessário que os doentes tenham conhecimentos médicos e estejam expostos a dados clínicos. Para reduzir o processo de acumulação de conhecimentos na formação profissional tradicional, a acessibilidade aos conhecimentos médicos é proporcionada por bases de dados de conhecimentos partilhados na Internet. O conhecimento profissional é dissecado em breves descrições de tópicos específicos que podem ser facilmente aprendidos. Por outro lado, a interpretação dos dados clínicos será totalmente visualizada e simplificada para permitir a sua compreensão por não profissionais. A educação médica será, portanto, reformada nos próximos anos.

Em segundo lugar, os médicos tornar-se-ão conselheiros na tomada de decisões, em vez de decisores no sistema de medicina de precisão. Isto significa que os clínicos não só terão de se destacar nos seus conhecimentos especializados, como também terão de ter boas capacidades de comunicação. Devem ser capazes de explicar conceitos médicos complexos em palavras simples, de modo a que qualquer pessoa os possa compreender, independentemente dos seus conhecimentos profissionais. Além disso, os médicos deixarão de ter autoridade absoluta sobre o tratamento, o que sugere que os doentes estarão mais envolvidos no seu próprio tratamento.

Em terceiro lugar, uma vez que os doentes serão envolvidos no processo de decisão, os médicos deixarão de ser os únicos responsáveis em caso de perda. Este facto sugere que os doentes serão responsáveis pelas suas próprias decisões. Este facto poderá reduzir o conflito entre médicos e doentes. No entanto, também representa um desafio para o sistema jurídico de determinação da responsabilidade médica, que será discutido mais adiante.

O custo é a gota de água para os doentes com cancro. Com custos de tratamento que ascendem a milhares de dólares por ano, nem todos os doentes os podem pagar. Para além disso, os custos acumulam-se à medida que o tratamento se prolonga. Alguns doentes abandonam o tratamento ao fim de algum tempo devido aos custos. O custo do tratamento do cancro não se limita ao pagamento do tratamento e dos exames complementares. Estende-se aos salários perdidos devido à incapacidade de trabalhar. A situação agrava-se quando o doente é o principal sustento da família. O(s) membro(s) da família responsável(eis) por cuidar do doente também é(são) afetado(s), o que resulta numa situação financeira precária para a família no seu conjunto. É por esta razão que alguns doentes recusam o tratamento, enquanto outros desistem quando a progressão da doença é incontrolável.

O apoio familiar é essencial para o tratamento do cancro. Não se trata apenas de apoio financeiro para pagar as contas, mas também de apoio emocional para ajudar o doente a enfrentar o stress da terapia. Uma vez que os doentes com cancro são submetidos a uma terapia intensa e sofrem os efeitos secundários, a empatia dos membros da família dá-lhes o apoio emocional de que necessitam para ultrapassar a crise. Além disso, enquanto os doentes estão a sofrer com a doença, o amor dá-lhes esperança de que podem ultrapassar a situação. Como resultado, os doentes com apoio familiar lidam frequentemente melhor com a terapia do que aqueles que não têm apoio social.

Em vez dos aspectos económicos e emocionais do tratamento do cancro, a terapia informada pelo doente proporciona uma ligação essencial entre os doentes e os médicos. A escolha dos doentes sobre o seu próprio tratamento pode ser alargada às suas famílias. No entanto, o envolvimento da família também pode complicar as coisas. Os membros da família podem não concordar uns com os outros sobre a decisão a tomar. Os doentes podem ser afectados pelas emoções dos membros da família, o que compromete a tomada de decisões correctas. Nos países menos desenvolvidos, onde a educação é limitada, podem ser tomadas decisões insensatas, pouco éticas e mesmo ilegítimas. Por exemplo, o primeiro bebé geneticamente modificado nasceu na China em novembro de 2018, suscitando críticas de todos os lados (Cohen, 2018; Cyranoski, 2018;

Fong, 2018). Por conseguinte, a implementação da terapia informada pelo doente deve ser estabelecida com base numa boa ética e na educação médica da maioria da população.

A terapia informada pelo doente dá-lhe a oportunidade de escolher a sua terapia, o que lhe dá o direito de decidir sobre a sua vida. Ao mesmo tempo, os doentes precisam de estar conscientes de que a cada direito corresponde uma responsabilidade. Só assim a medicina de precisão pode ser implementada em paz e harmonia.

Responsabilidade médica

A responsabilidade médica é uma questão ética e jurídica. Todos devem compreender que os tratamentos envolvem riscos. No sistema médico atual, os médicos têm total autoridade sobre a tomada de decisões terapêuticas e, por conseguinte, assumem total responsabilidade pelo resultado, a menos que se prove um acidente. No entanto, a medicina de precisão dá aos doentes a oportunidade de se envolverem neste processo. De um ponto de vista ético, é concedido aos doentes o direito de tomar decisões terapêuticas e, por conseguinte, uma maior liberdade para decidir sobre a sua própria vida. No entanto, isto coloca um desafio ao sistema jurídico.

De um ponto de vista jurídico, os doentes devem assumir a responsabilidade médica e os seus médicos devem ser responsáveis se os doentes tomarem decisões terapêuticas. No entanto, os médicos são os profissionais que têm um conhecimento profundo da questão, ao passo que os doentes podem não compreender totalmente o caso. Neste sentido, os doentes podem não estar a tomar a decisão ideal aos olhos dos profissionais. Se os resultados do tratamento não corresponderem às expectativas, os doentes culpam espontaneamente os seus médicos pela sua incapacidade de lhes dar explicações claras. Neste caso, qual é o grau de responsabilidade do doente? Para os legisladores, o sistema deve ter em conta (a) a proporção da contribuição de ambas as partes para a decisão final; (b) o conhecimento de ambas as partes do processo e das consequências; e (c) o impacto da decisão final no resultado. Esta questão torna-se extremamente complicada porque o consenso foi estabelecido com base na igualdade de direitos. Enquanto o doente era o objeto da terapia, os clínicos desempenhavam um papel essencial no diagnóstico e na conceção da terapia. A diferença de conhecimentos entre as duas partes pode ser enorme, o que também pode afetar a decisão. Além disso, o cancro é uma doença progressiva e evolutiva, pelo que uma decisão tomada no passado não pode ser considerada inteiramente responsável por um resultado presente. A terapêutica exige um ajustamento e uma melhoria contínuos. Por este motivo, é necessária muita sensatez no estabelecimento de normas jurídicas relativas à responsabilidade médica de todas as partes envolvidas na medicina de precisão. Aparentemente, os reguladores legais estão a trabalhar nestas questões, mas a tentativa e o erro são essenciais. Assim, a aplicação da medicina de precisão neste domínio está simultaneamente muito próxima e muito distante.

Capítulo 3 Cancro: tratar ou não tratar

Para os cientistas de laboratório, a escolha é simples: tratar! Mas como? Em função da excelência do laboratório. Sim, as coisas são simples na bancada.

No entanto, as coisas são muito diferentes na cabeceira da cama. Por exemplo, os doentes podem simplesmente recusar-se a ser tratados. Alguns doentes podem recusar a terapia porque as suas famílias se opõem. Alguns doentes tentam durante algum tempo, mas acabam por desistir. Alguns doentes recebem tratamento mas não seguem as instruções do médico. Pelo contrário, alguns doentes convencem o médico a dar-lhes medicamentos, apesar de o seu estado não ter melhorado. Os seres humanos são por vezes demasiado complicados para serem interpretados de forma sensata.

Perante a difícil escolha entre tratar ou não tratar, a escolha da terapia é ainda mais difícil de fazer. Por exemplo, cada país tem políticas médicas diferentes. Os médicos devem respeitar a política médica do governo quando os medicamentos são cobertos pela segurança social nacional. Quando o financiamento público está disponível, os tratamentos de baixo custo, como a quimioterapia, são a primeira opção, mesmo que não seja necessariamente a melhor escolha. Além disso, como cada doente tem um estado de saúde diferente, é fundamental administrar um medicamento eficaz com o mínimo de efeitos secundários. Quando os doentes pagam a fatura do seu próprio bolso, os médicos podem ter uma melhor escolha, desde que os doentes os apoiem substancialmente. Assim, na era da medicina de precisão, que incentiva a terapia informada pelo doente, a complexidade da tomada de decisões à cabeceira pode ultrapassar as provas científicas da eficácia da terapia.

Interpretação dos resultados do tratamento

Dado que as diferentes estratégias de tratamento do cancro têm diferentes vantagens e desvantagens em função das suas limitações técnicas, a resposta ao tratamento de uma coorte de doentes é frequentemente descrita pela sobrevivência global e pela sobrevivência livre de doença.

A sobrevivência global é definida como o número de doentes que sobrevivem após o tratamento do cancro em condições testadas e ao longo do tempo. Tenha em atenção a expressão "sobreviventes ao tratamento do cancro". Neste caso, os doentes gravemente doentes e os doentes com recidiva são sempre considerados como doentes sobreviventes. Por conseguinte, a sobrevivência global não tem em conta o estado de saúde dos doentes, mas refere-se à sobrevivência absoluta.

A sobrevivência livre de doença (DFS) é definida como a taxa de sobrevivência de doentes a quem não foi diagnosticado cancro após tratamento anti-cancro nas circunstâncias testadas. Ao contrário da sobrevivência global, a DFS centra-se na ausência de doença. Assim, a DFS é mais representativa da eficácia do tratamento do que a sobrevivência global. No entanto, podem ocorrer erros na DFS se os doentes não tiverem sido submetidos a um rastreio intensivo, o que faz com que não sejam detectadas potenciais lesões. É por esta razão que muitos investigadores preferem comunicar as taxas de sobrevivência global após o tratamento do cancro.

No caso de terapias melhoradas, o prolongamento da vida é frequentemente utilizado para indicar quanto mais tempo a vida dos doentes é prolongada pelo novo tratamento do cancro em comparação com os métodos convencionais. Quanto maior for a extensão da vida, melhor será o resultado do tratamento. No entanto, tal como a sobrevivência global, a extensão da vida não tem em conta o estado de saúde dos doentes.

A nível individual, a resposta ao tratamento pode ser classificada como resposta completa (RC), resposta parcial (RP) e ausência de resposta (NR). A RC é definida como o desaparecimento completo do tecido canceroso. RP significa que o tumor está a diminuir. NR significa que não há sinais de remissão do tumor. Dos três cenários, a RC é o melhor resultado. No entanto, não garante que o doente fique curado, uma vez que algumas células cancerígenas podem ficar dormentes e não serem detectadas. Para a RP, deve ser tida em conta a taxa de contração. Por exemplo, a comparação de um tumor que diminuiu 1 cm num mês com um que diminuiu 0,2 cm num mês pode ser considerada uma PR, mas o primeiro doente respondeu melhor do que o segundo. Por conseguinte, é importante ser prudente e respeitar os critérios definidos para a PR, a fim de interpretar com exatidão o resultado do tratamento. Finalmente, o caso NR é o pior cenário possível. Nos casos NR, o tratamento é considerado um fracasso.

Tipos de tratamento do cancro: vantagens e desvantagens

Em seguida, vamos analisar os tipos de tratamento do cancro.

O tratamento do cancro pode ser classificado em diferentes tipos, consoante os procedimentos operacionais:

(1) Ressecção cirúrgica

A ressecção cirúrgica de um tumor é o tratamento primário do cancro, tanto para tumores benignos como para tumores malignos. Trata-se de um método simples e direto. No entanto, os cancros que surgem em órgãos internos podem não ser adequados. O carcinoma hepatocelular (CHC), um subtipo de cancro do fígado, por exemplo, raramente é tratado por cirurgia, porque geralmente ocorre em vários gânglios linfáticos distribuídos de forma irregular pelo fígado.

Por outro lado, foi referido que a metástase do cancro induzida pela cirurgia resulta da supressão imunitária, da libertação de citocinas induzida pela inflamação, de alterações no microambiente, *etc.* (Tohme et al., 2017). (Tohme et al., 2017). No entanto, existem também amplas provas que sugerem que o cancro não recidiva após a cirurgia. Por conseguinte, a cirurgia continua a ser uma importante estratégia de tratamento do cancro até aos dias de hoje.

(2) Radioterapia

A radioterapia refere-se à utilização de doses elevadas de radiação para matar as células cancerígenas e reduzir os tumores.

A radioterapia pode ser classificada em várias categorias: (a) Radioterapia externa, em que a radiação é focada localmente no local do cancro por uma máquina situada fora do corpo; b) Radioterapia interna, em que as substâncias radioactivas são administradas aos doentes por ingestão ou injeção intravenosa e, no caso dos cancros da cabeça e do pescoço, por implantação de um cateter (braquiterapia); (d) Radioterapia paliativa, utilizada para aliviar os sintomas e como terapia adjuvante de outras estratégias de tratamento. O tipo de radioterapia a escolher depende do tipo de cancro.

A radioterapia tem a vantagem de ser altamente localizada no local tratado, de modo que os danos nos tecidos adjacentes são mínimos e não são causados danos noutros tecidos. No entanto, a aplicação deste método está limitada aos locais acessíveis à radiação, nomeadamente no caso da radioterapia externa, o que limita a versatilidade desta técnica.

(3) Quimioterapia

A quimioterapia é descrita como a administração de fármacos anticancerígenos ( ) sem um alvo molecular, ou uma combinação de fármacos sem alvo. A quimioterapia é aplicada a muitos cancros, em particular aos cancros hematológicos, em que terapias como a cirurgia e a radioterapia não são aplicáveis. É utilizada como terapêutica neoadjuvante ou adjuvante da cirurgia e da radioterapia. A quimioterapia é geralmente pouco dispendiosa, mas os seus efeitos secundários são geralmente significativos. Por conseguinte, a quimioterapia é frequentemente aplicada a cancros sem um alvo molecular, a cancros em estado avançado e a cancros resistentes que já não respondem a outros tipos de terapia.

Para reduzir os efeitos fora do alvo, está a ser introduzida a administração de medicamentos baseada na nanotecnologia. Isto implica a incorporação de fármacos quimioterapêuticos em nanopartículas que contêm ligandos de superfície direccionados para o cancro e sistemas de libertação lenta (Ferrari, 2005; Sinha et al., 2006). Estes sistemas melhoram consideravelmente a eficácia da administração de medicamentos e reduzem os efeitos secundários.

(4) Terapia dirigida

A terapêutica dirigida é semelhante à quimioterapia, mas com um ou mais alvos moleculares mais específicos. Muitas terapêuticas dirigidas são anticorpos ou compostos químicos que se ligam especificamente a determinados alvos moleculares. Por exemplo, o afatinib liga-se ao recetor do fator de crescimento epidérmico (EGFR) para inibir a sua ativação. Uma vez que a terapia-alvo é concebida para biomoléculas específicas, os efeitos secundários são menos graves do que os da quimioterapia. Além disso, a utilização de sistemas de entrega baseados na nanotecnologia significa que o alvo é mais amplamente distribuído, o que reduz ainda mais os efeitos secundários.

(5) Terapia hormonal

Para determinados cancros que envolvem desregulação hormonal, é administrada terapia hormonal. Por exemplo, o tamoxifeno (Nolvadex) e o anastrozol (Arimidex) são terapias hormonais administradas a doentes com cancro da mama ER+ para inibir a sinalização dos estrogénios. No entanto, o tamoxifeno actua como um análogo do estrogénio para bloquear o ESR1, enquanto o anastrozol inibe a aromatase que sintetiza o estrogénio. Devido a mecanismos diferentes, o tamoxifeno é aprovado para mulheres na pré-menopausa e na pós-menopausa, enquanto o anastrozol é aprovado para mulheres na pós-menopausa (NCI, 2017).

A aplicação da terapia hormonal é muito limitada devido

às características fisiológicas do corpo humano.

Escolha da terapia

Na prática, a escolha da terapêutica está nas mãos dos oncologistas e de outros profissionais de saúde. Para além do raciocínio clínico e científico, a experiência desempenha um papel essencial na tomada de decisões terapêuticas. A experiência não é quantitativa nem transferível. Por conseguinte, os clínicos com reputação, ou os clínicos que exercem a sua atividade em hospitais com reputação, tendem a ter mais doentes e, por conseguinte, mais experiência. Esta desigualdade conduz a um afluxo de doentes a este conjunto de médicos e hospitais, desencadeando um ciclo de retroação positiva. A consequência é a desigualdade médica, o que não é bom nem para os hospitais nem para os doentes. Por conseguinte, é essencial estabelecer uma lógica de decisão clínica racional e transparente para aplicar a medicina de precisão na vida real. E isto aplica-se não só ao cancro, mas também a outras doenças.

Pragmaticamente, são aplicadas diferentes terapias a diferentes cancros. A National Comprehensive Cancer Network (NCCN) (NCCN, 2018) fornece orientações sobre a escolha da terapêutica do cancro. Embora estas directrizes tenham sido concebidas de forma racional com base em provas científicas e relatos de casos, a resposta ao tratamento difere de pessoa para pessoa. É por isso que as iniciativas de medicina de precisão têm como objetivo personalizar o tratamento para melhorar os resultados.

Por exemplo, as terapias direccionadas que se aplicam a mutações genéticas específicas podem ser seleccionadas através de testes genéticos. Isto permite selecionar os doentes que podem potencialmente beneficiar de uma terapia dirigida. O rastreio de medicamentos em cancros primários é preferido para a quimioterapia e a terapia orientada, a fim de demonstrar uma resposta real *in vitro* (Wong e Wong, 2017). Os modelos de xenoenxertos também têm sido explorados para demonstrar a eficácia terapêutica (Shorthouse et al., 1980).

A previsão computacional da resposta terapêutica também está a ser ativamente desenvolvida (Azuaje, 2016). Por exemplo, as células imunitárias infiltradas (Gentles et al., 2015), o ADN livre de células tumorais circulantes (ctDNA) (Khakoo et al., 2018) e as células tumorais circulantes (CTC) (Urtishak et al., 2008) têm sido utilizados em estudos farmacogenómicos para estabelecer interacções fármaco-gene. A inteligência artificial (IA) fornece os meios técnicos para realizar meta-análises de genómica, epigenética, transcriptómica, proteómica e metabolómica. Em conjunto, estes estudos ómicos permitem-nos compreender melhor os cancros. No entanto, por várias razões, a maior parte dos estudos são retrospectivos, ou seja, as amostras são recolhidas antes da realização da investigação, pelo que os modelos foram construídos com base em algoritmos que se ajustam a pares de entradas/saídas conhecidos. O problema da solução indutiva reside no facto de os algoritmos poderem ser sempre melhorados para se adaptarem aos dados, o que permite produzir literatura científica. No entanto, os resultados continuam a ser imprevisíveis, nomeadamente se os casos prospectivos diferirem consideravelmente dos casos retrospectivos. Este problema é ilustrado pelo tratamento do cancro, em que a heterogeneidade e a evolução ocorrem de forma constante, pelo que os parâmetros a ter em conta variam consideravelmente. Além disso, a integridade e a unificação dos dados entre coortes devem ser resolvidas com urgência. É necessário estabelecer directrizes para a recolha de dados e distribuí-las a todas as entidades de saúde participantes. As definições de termos e critérios também precisam de ser normalizadas. Na ausência de sistemas de registo médico adequados, a previsão torna-se extremamente vulnerável.

Os efeitos secundários também devem ser tidos em conta no processo de decisão. Também estes são frequentemente determinados pela experiência. Por uma questão de "precisão", propusemos que os efeitos secundários fossem quantificados e tidos em conta aquando da prescrição do tratamento (Wong, 2018). A longo prazo, a ocorrência e a gravidade dos efeitos secundários devem ser registadas para cada doente ao longo do tratamento. Tal poderia ajudar a construir um modelo abrangente de eficácia e toxicidade dos medicamentos para a implementação da medicina de precisão.

Previsão

São necessários instrumentos mais avançados para identificar e medir os sintomas. Por exemplo, os doentes com cancro sentem frequentemente dor durante a doença e o tratamento. No entanto, o tipo de dor sentida pelo doente pode muitas vezes ser confundido. Por exemplo, uma cãibra é causada pela contração dos músculos; uma dor é uma sensação de dor intensa; uma dor muscular é uma dor surda e prolongada. Quantas pessoas são capazes de identificar o tipo de dor que estão a sentir? E a localização da dor é descrita com exatidão? Por conseguinte, é útil compreender o princípio anatómico e fisiológico dos diferentes tipos de dor, a fim de desenvolver testes e/ou instrumentos que permitam localizar e quantificar a dor. Isto pode então ser utilizado para localizar e identificar o local da doença. Uma estratégia semelhante pode ser aplicada a outros sintomas.

A imagiologia médica é essencial para o diagnóstico de doenças. A inteligência artificial (IA) fornece os meios técnicos para generalizar observações a partir de enormes quantidades de dados de imagiologia médica obtidos a partir de radiologia (Mayo e Leung, 2018) e histologia (Djuric et al., 2017). Foi demonstrada a aplicação da IA à segmentação de tumores, à classificação do cancro e à previsão da sobrevivência (Xue et al., 2017). A IA pode não só facilitar o diagnóstico clínico, mas também a radioterapia guiada por imagens (IGRT). A radioterapia guiada por imagens fornece um mapa preciso da estrutura anatómica e patológica do local da cirurgia, permitindo que o feixe de radiação seja direcionado com precisão para o local doente. Este facto reduz significativamente a margem de radioterapia e minimiza os danos nos tecidos normais adjacentes (Schwarz et al., 2012). A orientação por imagem também é aplicável à ressecção cirúrgica de tumores.

A farmacogenómica é uma ferramenta importante para prever a resposta aos medicamentos com base na composição genética dos doentes com cancro. A análise farmacogenómica é essencialmente útil para a quimioterapia, uma vez que esta terapêutica tem um ou mais modos de ação conhecidos, mas um amplo espetro de alvos. A previsão prognóstica foi inicialmente baseada em modelos de linhas celulares de cancro humano (Niu e Wang, 2015). Estão atualmente a ser desenvolvidos algoritmos de previsão baseados em dados genómicos, epigenéticos ou transcriptómicos. Estão a ser aperfeiçoadas as considerações sobre o estado da doença no hospedeiro (Petros e Evans, 2004), a diversidade étnica (Patel, 2015), *etc*. Além disso, a combinação de farmacogenómica e modelos farmacocinéticos de base fisiológica (PBPK) está também a ser investigada (Vizirianakis et al., 2016). Além disso, a combinação de perfis transcriptómicos e proteómicos também tem sido utilizada (Alaoui-Jamali et al., 2004). Consequentemente, a tendência da investigação será a farmaco-ómica, em vez da simples farmacogenómica. No entanto, no contexto clínico,

A farmacogenómica continua a ser a principal tendência devido à acessibilidade, estabilidade e viabilidade da manipulação do ADN, em comparação com outras amostras orgânicas.

Estão também a ser desenvolvidos testes para medir a resposta à medicação. A biópsia líquida é preferível porque os doentes sentem o mínimo de dor. No entanto, a biópsia líquida fornece apenas pequenas quantidades de células tumorais circulantes (CTCs), especialmente em doentes com cancro em fase inicial. Por conseguinte, as CTCs têm de ser amplificadas, o que resulta em variações nas células derivadas. Os tumores ressecados cirurgicamente permitem obter amostras maiores, suficientes para efeitos de rastreio. Também foram experimentadas biópsias por agulha. Foram desenvolvidos ensaios de despistagem de medicamentos baseados em células e tecidos para medir a resposta dos cancros primários à quimioterapia, à terapia dirigida e à imunoterapia (Nishino et al., 2017; Wong e Wong, 2017). No entanto, a avaliação pode ser problemática. Por exemplo, as cargas tumorais foram expressas em termos diferentes de acordo com a Organização Mundial de Saúde (OMS) (Miller et al., 1981) e RECIST (Eisenhauer et al., 2009; Therasse et al., 2000). A escolha da utilização de medições bidimensionais ou unidimensionais do tumor a partir de imagens médicas pode alterar a carga tumoral final calculada, o que, por sua vez, afecta a avaliação da resposta terapêutica (Nishino et al., 2017). Por conseguinte, a unificação das directrizes de avaliação é a referência rudimentar para o estudo de múltiplas coortes.

Além disso, estão também a ser desenvolvidos sistemas robóticos operados por cirurgiões para a ressecção do cancro, a fim de melhorar a manobrabilidade e reduzir as aberturas cirúrgicas (Ohuchida e Hashizume, 2013). Os sistemas robóticos flexíveis são úteis em aplicações biológicas. Por exemplo, foi desenvolvido um
robô endoscópico transluminal mestre-escravo
(MASTER) foi desenvolvido para efetuar
cirurgia endoscópica
transluminal de orifício natural
(NOTES) (Lomanto et al., 2015). Além disso, foi concebido um sistema de 2 módulos de actuadores de fluidos flexíveis para satisfazer as necessidades de
navegação intra-órgão na excisão
mesorrectal total (EMT), substituindo os laparoscópios tradicionais (Abidi et al., 2018). Os sensores eletrónicos suaves aderidos à pele são

excecionalmente úteis para a

monitorização em tempo real

de parâmetros fisiológicos (Xu et al., 2014). Consequentemente, os avanços nos sistemas robóticos macios melhoraram

significativamente o nosso conhecimento

das alterações no corpo humano ao longo do tempo, permitindo uma compreensão

mais profunda das alterações fisiológicas em resposta a múltiplos estímulos. Isto facilita a gestão da saúde e a monitorização de doenças.

Consequentemente, a gestão da saúde a longo prazo e em tempo real será a principal tendência no futuro. Para os doentes com cancro, isto ajuda os médicos a monitorizar a progressão da doença e os efeitos secundários.

Capítulo 4 O futuro do cancro

Atualmente, o cancro é geralmente fatal. O que é que o futuro reserva ao cancro? Os cientistas, os clínicos, as empresas farmacêuticas e o público em geral têm provavelmente pontos de vista diferentes. A prevenção é provavelmente a melhor opção. Mas as coisas nem sempre correm como queremos. Por isso, a mentalidade segue a lógica: se o cancro não pode ser prevenido, queremos que seja curado; se o cancro não pode ser curado, queremos que não seja fatal; se o cancro mata, queremos que os doentes sofram menos.

Atualmente, o prognóstico varia de um cancro para outro. E as coisas estão a mudar rapidamente. Por exemplo, algumas mulheres submetem-se a mastectomias depois de descobrirem que são portadoras do gene mutante *BRCA1*. Outras tornaram-se mais conscientes do seu estilo de vida para minimizar o risco de cancro, comendo mais legumes e fruta, fazendo mais exercício físico, abstendo-se de fumar e de beber álcool, *etc*. Além disso, em alguns países, o rastreio do cancro da mama e a colonoscopia tornaram-se acessíveis a todos os cidadãos a partir de uma certa idade, para permitir a deteção precoce do cancro. Além disso, muitos cancros são considerados curáveis à luz dos progressos da terapia dirigida e da imunoterapia. Todas as nuvens têm um lado positivo. O cancro nunca será um motivo de ansiedade.

Nas secções que se seguem, discutiremos os progressos e a investigação em curso sobre as várias estratégias de controlo do cancro destinadas a atenuar, curar e prevenir o cancro, tal como acima descrito.

O cancro torna-se uma doença crónica

Tal como acontece com a diabetes e a hipertensão arterial, as pessoas podem viver com cancro sem que a sua qualidade de vida seja afetada. Até certo ponto, é o que acontece com a maioria das pessoas com cancros benignos e menos agressivos. Por exemplo, muitas pessoas com cancro da mama no nosso país não sabem que têm cancro até ao estádio III ou IV, quando o nódulo se torna significativo. O cancro da mama é geralmente inofensivo, a menos que ocorram metástases nos gânglios linfáticos auxiliares.

Embora todos os cancros possam ter uma etiologia diferente, a incidência de cancro parece ser mais elevada nos tecidos ou órgãos que são continuamente constituídos por um conjunto de células estaminais. Esta correlação é razoável, uma vez que a pluripotência das células estaminais favorece a carcinogénese e as células estaminais cancerosas (CSC) conferem resistência aos medicamentos. No entanto, a incidência do cancro não parece estar correlacionada com a sobrevivência. Pelo contrário, muitos cancros com baixas taxas de sobrevivência ocorrem em órgãos secretores vitais, como o pâncreas, o pulmão, o cérebro e o estômago. Esta observação dá origem à nossa hipótese de que os tecidos funcionais são deslocados por tecidos cancerígenos anormais, levando à disfunção destes órgãos que, em última análise, resulta em morte. Se esta hipótese for verdadeira, será que o restabelecimento funcional destes órgãos pode reduzir a letalidade dos cancros com estas origens? Com efeito, os riscos de mortalidade aumentam nos doentes oncológicos com diabetes de tipo II (8,45 por 1000 pessoas-ano) em comparação com o grupo de controlo (7,64 por 1000 pessoas-ano) (Tancredi et al., 2015). No entanto, estudos associaram a hiperinsulinemia à hiperproliferação do cancro pancreático utilizando modelos de linhas celulares *in vitro* (Chan et al., 2014), mas ainda não existem estudos *in vivo*. A tecnologia ainda está longe de imitar totalmente o processo de hiperinsulinémia.

O transplante de órgãos é uma estratégia alternativa, mas a rejeição imunitária (Ingulli, 2010) e a infeção (Cainelli e Vento, 2002) continuam a ser problemáticas. O transplante de órgãos é uma estratégia alternativa, mas a rejeição imunitária (Ingulli, 2010) e a infeção (Cainelli e Vento, 2002) continuam a ser problemáticas.

O cancro é curável

As taxas de sobrevivência para a maioria dos cancros aumentaram nas últimas décadas (CRUK, 2014).

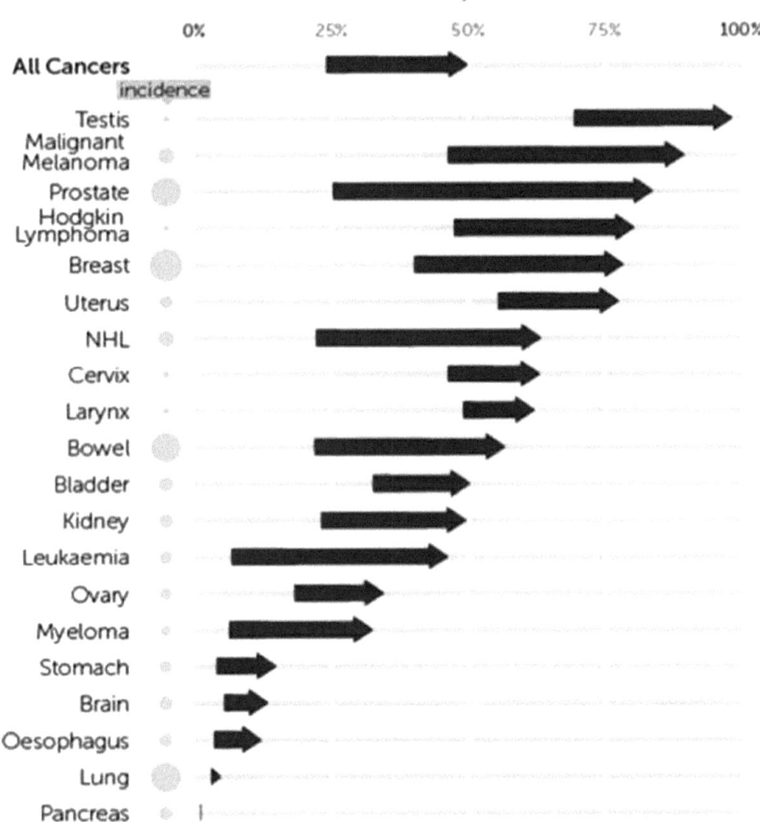

Figura 8. Tendências de sobrevivência para cancros comuns de 1971-72 a 2010-11 no Reino Unido. O gráfico foi retirado do Cancer Research UK (CRUK, 2014).

Isto sugere indiretamente que muitos cancros são considerados curáveis. No entanto, as recidivas e as metástases complicam os resultados do tratamento, uma vez que é difícil determinar se estes cancros têm realmente origem no cancro primário. No laboratório, a sequenciação completa indica a hierarquia, mas os cancros transformam-se frequentemente após a metástase, o que coloca problemas na definição quantitativa da semelhança genética entre o cancro primário e o cancro metastático, a fim de distinguir o cancro metastático do cancro recentemente diagnosticado. No contexto clínico, mesmo a seleção de uma lesão verdadeira exige um exame cuidadoso (Welch, 2006).

A recidiva do cancro durante ou após o tratamento está frequentemente associada ao desenvolvimento de resistência aos medicamentos. A evolução do cancro descreve a forma como as células cancerígenas evoluem para metastizar e resistir ao tratamento (McGranahan e Swanton, 2017). Com base em conceitos evolutivos, a evolução do cancro é altamente dependente das condições. A personalização é, por conseguinte, essencial. No entanto, um tratamento de largo espetro também pode ser eficaz se os efeitos secundários forem ignorados. Para além da evolução, as células estaminais cancerígenas (CSC) oferecem uma hipótese alternativa para a resistência aos medicamentos. A hipótese da dormência das CSC explica o longo período probatório da recidiva do cancro.

Explica também a transformação do cancro metastático em relação ao seu homólogo primário. No entanto, devido à baixa abundância de CSC e à falta de metodologia de monitorização *in vivo em* seres humanos, as provas da hipótese das CSC em cancros humanos são fracas.

A metástase do cancro é definida como a disseminação do cancro para outras partes do corpo. Este processo envolve várias fases, incluindo intravasamento, extravasamento, sementeira e colonização. Foi demonstrado que os tratamentos medicamentosos e a cirurgia desencadeiam a metástase do cancro (Kinsey, 1961). Pensa-se que as células tumorais circulantes (CTC) são responsáveis pela metástase (Aceto et al., 2014). Os exossomas libertados pelos tumores estão implicados na preparação para a metástase (Weidle et al., 2017). O tratamento perioperatório com p-bloqueadores que reduzem a resposta ao stress cirúrgico pós-operatório, incluindo a ativação neuroendócrina, a inflamação e a ativação do eixo hipotálamo-pituitária-adrenal (HPA), tem sido recomendado para reduzir as metástases (Raytis e Lew, 2000-2013).

Por conseguinte, para curar o cancro, devem ser cumpridos os seguintes critérios: (a) erradicação completa do tumor primário; (b) prevenção da recorrência do cancro; e (c) prevenção das metástases do cancro. Tendo em conta estes critérios, poucos doentes são considerados curados.

O cancro pode ser prevenido

Os cancros causados por maus hábitos de vida e por infecções virais são evitáveis. Os hábitos de vida pouco saudáveis incluem o tabagismo, o consumo excessivo de álcool e um estilo de vida sedentário.

Em 2000, o tabagismo foi responsável por 21% das mortes por cancro em todo o mundo (Ezzati et al., 2005). O cancro do pulmão foi responsável por 60% de todas as mortes por cancro relacionadas com o tabagismo, seguido dos cancros do trato aerodigestivo superior (Ezzati et al., 2005). A intensidade e a duração do tabagismo estão fortemente correlacionadas com o cancro do pulmão (Peto et al., 1992). É por esta razão que o número de mortes por cancro relacionadas com o tabagismo é mais elevado nas regiões industrializadas da América do Norte e da Europa Ocidental, que foram responsáveis por 61% de todas as mortes por cancro relacionadas com o tabagismo em 2005 (Ezzati et al., 2005). Além disso, os homens europeus e as mulheres americanas encabeçaram a lista de mortes por cancro relacionadas com o tabagismo (Ezzati et al., 2005), provavelmente devido à longa história do tabagismo nestas populações. Os países em desenvolvimento, como a Índia e a China, foram responsáveis por 24% e 14%, respetivamente, de todas as mortes por cancro relacionadas com o tabagismo (Ezzati et al., 2005). A elevada mortalidade nestes países explica-se em parte pelo elevado número de mortes de fundo devido às suas grandes populações (Ezzati et al., 2005). A queima doméstica de carvão no norte da China também contribuiu para a mortalidade por cancro relacionada com o tabagismo (Ezzati et al., 2005). Além disso, 67% das mortes por cancro relacionadas com o tabagismo ocorreram em pessoas com idades compreendidas entre os 30 e os 69 anos nos países em desenvolvimento, em comparação com 52% nas regiões industrializadas (Ezzati et al., 2005), o que sugere uma maior perda de anos potenciais de vida nos países em desenvolvimento devido aos cancros relacionados com o tabagismo. O tabagismo induz o cancro através da mutagénese do ADN causada por substâncias cancerígenas geradas durante a combustão do tabaco. Foi demonstrado que 20 carcinogéneos identificados no fumo do tabaco causam tumorigénese em animais de laboratório e em seres humanos (Hecht, 1999). Entre estes carcinogéneos, os hidrocarbonetos aromáticos policíclicos caracterizados pelo benzo[a]pireno (B[a]P) e a nitrosamina 4-(metilnitrosamino)-1-(3-piridil)-1-butanona (NNK), específica do tabaco, foram considerados os mais potentes (Hecht, 1999). Os fumadores passivos têm um risco 20-30% maior de cancro do pulmão (CDC, 2006). Os cigarros electrónicos têm sido utilizados para facilitar a cessação do tabagismo, mas as suas consequências para a saúde, incluindo a incidência de cancro, permanecem desconhecidas (Arem e Loftfield, 2018). Os agentes quimiopreventivos, como o isotiocianato de fenilo (PEITC) nos agriões e o isotiocianato de benzilo (BITC), podem inibir o desenvolvimento do cancro do pulmão em roedores (Hecht, 1997).

O consumo de álcool também aumentaria o risco relativo de cancro da cavidade oral e da faringe, do esófago, do colorrecto, do fígado, da laringe e da mama nas mulheres (Bagnardi et al., 2015). O fator atribuível à população (PAF) global para o álcool foi elevado (25-50%) para os cancros da cavidade oral e do aparelho digestivo acima referidos (Whiteman e Wilson, 2016), enquanto o PAF mediano para todos os cancros não atingiu 10% na maioria dos países. Por exemplo, o PAF para o álcool era de 8% em França em 2015, ficando apenas atrás do tabagismo (PAF = 20%) (Soerjomataram et al., 2018). Por outro lado, a Austrália teve uma PAF para o álcool de 6% entre 2007 e 2016 (Arriaga et al., 2017). Além disso, o PAF para o álcool foi maior para os homens do que para as mulheres (Whiteman e Wilson, 2016), o que é explicado pela prevalência do consumo habitual de álcool entre os homens em comparação com as mulheres. O efeito do álcool inclui a geração de acetaldeído e espécies radicais de oxigénio (ROS) durante o metabolismo do álcool. Os subprodutos, como as nitrosaminas produzidas durante a fermentação do álcool, são carcinogénicos (Issenberg, 1976).

A obesidade também aumenta o risco de incidência de cancro (Arnold et al., 2015; Lauby-Secretan et al., 2016). Em 2012, quase meio milhão de novos casos de cancro de todos os tipos foram atribuídos ao excesso de índice de massa corporal (IMC), também conhecido como obesidade, em adultos. Os cancros relacionados com a obesidade predominam nos países ricos e desenvolvidos. Por exemplo, a América do Norte contribuiu com 111.000 casos ou 23% do total global de cancros relacionados com a obesidade, enquanto a Ásia Oriental contribuiu com 70.000 casos (15%) de cancros relacionados com a obesidade, ocupando o segundo lugar a nível global (Arnold et al., 2015). No entanto, a incidência de cancro atribuível à obesidade permanece baixa. Por exemplo, 3,5% de todos os cancros na América do Norte foram atribuídos à obesidade, enquanto apenas 0,4-0,9% de todos os cancros na África subsariana e na Ásia foram atribuídos à obesidade (Arnold et al., 2015). A leptina é uma adipocina importante libertada pelo tecido adiposo que promove a carcinogénese e a angiogénese (Dutta et al., 2012). A leptina também confere quimioresistência através da expansão das células estaminais cancerígenas (CSCs) e da ativação da sinalização Notch-RBP-Jk (Candelaria et al., 2017). [2] A manutenção de um IMC inferior a 30 kg/m pode reduzir o risco de cancro, em especial o cancro da mama (Arem e Loftfield, 2018).

Risco relativo de cancros relacionados com a obesidade

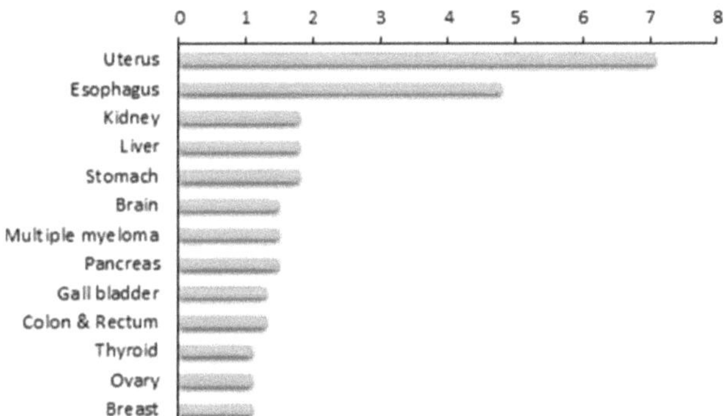

Figura 9. Risco relativo de cancros relacionados com a obesidade. Gráfico modificado de Lauby-Secretan, *et al* (Lauby-Secretan et al., 2016) no Microsoft Excel.

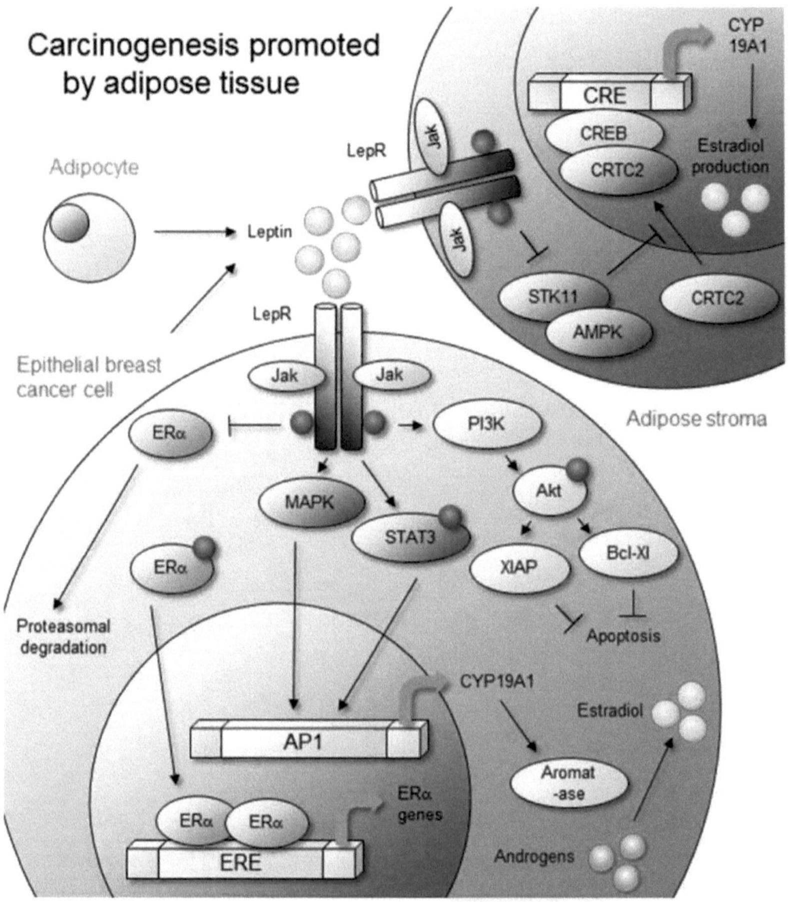

Figura 10. O tecido adiposo promove a carcinogénese da mama através da secreção de leptina e estradiol. Modificado de Dutta *et al* (Dutta et al., 2012). A ilustração foi criada a partir de diagramas partilhados pela Servier Medical Art (https://smart.servier.com/) no Microsoft Powerpoint.

A inatividade física também aumenta a incidência de cancro. Foi recomendado um mínimo de 150 minutos de atividade aeróbica de intensidade moderada ou 75 minutos de atividade aeróbica de intensidade vigorosa, e 2 ou mais actividades de fortalecimento muscular envolvendo todos os grupos musculares, para treino semanal (Arem e Loftfield, 2018). A inatividade física foi associada a 13 tipos de cancro, 7 dos quais foram associados a uma redução do risco de 20% ou mais se a atividade física cumprisse os requisitos mínimos (Arem e Loftfield, 2018).

As infecções virais são uma das principais causas de cancro. Por exemplo, o papilomavírus humano (HPV) causa o cancro do colo do útero (Winer et al., 2006). O HPV é transmitido durante as relações sexuais, pelo que a utilização de preservativos pode reduzir significativamente o risco de transmissão do HPV (Winer et al., 2006). Do mesmo modo, o vírus da hepatite B (VHB), transmitido através do sangue e dos fluidos corporais (OMS, 2018), conduz a uma maior incidência de cancro do fígado (Leung, 2005). A partilha de objectos pessoais e domésticos (toalhas, escovas de dentes, *etc.)* aumenta o risco de infeção pelo VHB, ao passo que a partilha de utensílios de cozinha e de beber tem pouco impacto (Goh et al., 1985). A vacinação é essencial para prevenir os cancros causados por vírus.

Conclusão

50% dos cancros são evitáveis (Arem e Loftfield, 2018). A Sociedade Americana do Cancro publicou o documento "A *blueprint for the primary prevention of cancer*" (*Um plano para a prevenção primária do cancro*) para educar o público sobre as medidas de prevenção do cancro (Gapstur et al., 2018). Segue-se um resumo das medidas recomendadas:

(1) Evitar os factores de risco

Como vimos acima, evitar o tabaco, o tabagismo passivo e o álcool. O tabaco sem combustão, como o rapé e o tabaco de mascar, continua a ser perigoso, pois provoca cancros da cavidade oral, do esófago e do pâncreas (Gapstur et al., 2018). Mantenha-se afastado de agentes mutagénicos, como os raios ultravioleta (UV), os compostos cancerígenos e as radiações ionizantes.

A exposição aos raios UV é omnipresente para qualquer pessoa que se exponha ao sol. No entanto, proteja-se procurando a sombra, especialmente ao meio-dia, e usando protetor solar e mangas compridas durante as actividades ao ar livre. Os caucasianos devem evitar o bronzeamento em recintos fechados.

O rádon é um gás radioativo ionizante de ocorrência natural formado pelo decaimento do urânio nas rochas e no solo. A concentração média no ar interior é de 1,3 pCi/L nos Estados Unidos (Gapstur et al., 2018). Os níveis de rádon diferem significativamente consoante o habitat. No entanto, novas técnicas de construção permitem construir casas resistentes ao rádon que atenuam a exposição ao rádon (Gapstur et al., 2018).

Para além das substâncias radioactivas manipuladas por

profissionais específicos, as radiações ionizantes médicas são uma das principais fontes de radiação mutagénica com que o público em geral se depara. A dose média anual efectiva recebida pela exposição a radiações ionizantes naturais é de aproximadamente 2,4 mSv nos Estados Unidos (Gapstur et al., 2018). A radiação ionizante, como a radiografia do tórax, expõe o paciente a 0,02 mSv, enquanto a TC do tórax expõe o paciente a 7 mSv (Gapstur et al., 2018).

(2) Proteção contra infecções

A vacinação é a melhor política. A vacinação oferece proteção contra as infecções pelo papilomavírus humano (HPV) e pelo vírus da hepatite B (HBV), que desencadeiam os cancros do colo do útero e do fígado, respetivamente (Gapstur et al., 2018). Embora não exista uma vacina para o vírus da hepatite C (VHC), está aprovado um medicamento antiviral de ação direta eficaz para curar a infeção pelo VHC, reduzindo os cancros induzidos pelo VHC (Gapstur et al., 2018). No entanto, não existe atualmente nenhuma vacina contra o vírus de Epstein-Barr (EBV), o agente patogénico oncogénico mais comum, que causa o linfoma de Burkitt, o linfoma de Hodgkin e o cancro da nasofaringe (Gapstur et al., 2018). Do mesmo modo, não existe vacina ou tratamento para a infeção crónica pelo HTLV-1, que causa o linfoma de células T (Gapstur et al., 2018).

Como a investigação está em curso e estão a surgir novas vacinas, os médicos devem ser consultados sobre as vacinas mais recentes.

(3) Compromisso com um estilo de vida saudável

[2]Manter um índice de massa corporal (IMC) inferior a 25,0 kg/m para evitar o excesso de peso. Para o efeito, faça exercício físico regular e tenha uma alimentação saudável.

Em termos de atividade física, recomenda-se um mínimo de 150 minutos de atividade aeróbica de intensidade moderada ou 75 minutos de atividade aeróbica de intensidade vigorosa, e 2 ou mais actividades de fortalecimento muscular envolvendo todos os grupos musculares, para um treino semanal (Arem e Loftfield, 2018). Por exemplo, a caminhada rápida é considerada uma atividade aeróbica de intensidade moderada, enquanto o jogging é considerado uma atividade de intensidade vigorosa (Gapstur et al., 2018).

A alimentação desempenha um papel importante. Coma pelo menos 5 porções de fruta e legumes por dia. Escolha cereais integrais em vez de cereais refinados para obter mais fibras. Limite o seu consumo de carne vermelha e processada.

(4) Participação no rastreio do cancro

Os programas de rastreio do cancro, como a mamografia e a colonoscopia, são oferecidos gratuitamente aos cidadãos em alguns países. Estes exames facilitam a deteção do cancro numa fase inicial, permitindo um tratamento precoce que, frequentemente, tem melhores resultados. Por isso, esteja atento às últimas políticas governamentais em matéria de rastreio do cancro.

Em conclusão, é preciso uma vida inteira para se manter saudável e uma refeição para a arruinar. Mais vale prevenir do que remediar. Pense no tipo de vida que quer levar.

Apêndice

Biomarcadores

Os biomarcadores referem-se a qualquer biomolécula que seja essencial para determinados processos biológicos. Em oncologia, os biomarcadores referem-se geralmente a genes que são essenciais para o diagnóstico e prognóstico da doença.

Carcinogénese

A carcinogénese refere-se à formação de tecido canceroso. Por definição, a formação de cancro envolve as seguintes fases:

Normal -> Displasia -> Hiperplasia -> Malignidade

Diagnóstico

O diagnóstico do cancro é a confirmação da existência de tecido canceroso, do subtipo de cancro e de outras características clínicas relevantes nos doentes, utilizando biomarcadores.

A histopatologia é a regra geral convencional para o diagnóstico do cancro. As secções de tecido são preparadas e coradas com indicadores que sugerem a presença de cancro e o seu subtipo.

A subtipagem molecular é um novo método de subtipagem dos cancros com base nos perfis de expressão de determinados genes relacionados com o cancro. A subtipagem molecular é frequentemente efectuada utilizando pastilhas de ADN, PCR quantitativa em tempo real (RT-qPCR) ou sequenciação de nova geração (NGS).

Etiologia

A etiologia refere-se à causa de uma doença. Pensa-se que a genética, o comportamento e o ambiente contribuem coletivamente para a carcinogénese.

Metástases

A metástase refere-se à disseminação do cancro para outros tecidos que não o local primário. As fases da metástase são definidas da seguinte forma:

Sítio primário -> Intravasamento -> Extravasamento -> Inoculação -> Colonização

Prognóstico

O prognóstico do cancro é a previsão do resultado da doença nos doentes utilizando biomarcadores ou quaisquer outros meios.

Risco

O risco global de cancro, expresso em pessoas-ano, descreve a probabilidade, padronizada no tempo, de os indivíduos de um estudo de coorte desenvolverem cancro. É calculado dividindo o número de pessoas diagnosticadas com cancro durante o estudo pela duração total do estudo, expressa em unidades de anos.

O fator atribuível à população (PAF) descreve a contribuição de um fator de risco para o cancro. É calculado como a proporção da população afetada pelo cancro se a exposição a um fator de risco específico fosse reduzida para um nível contrafactual ou ideal.

O risco relativo (RR) é o rácio entre a probabilidade de desenvolver cancro num grupo exposto a um fator de risco específico e um grupo não exposto.

O rácio de incidência padronizado (SIR) é calculado como o rácio entre o número de casos observados e o número de casos esperados. O número de casos observados corresponde ao número de casos na população estudada.

Telómeros e telomerase

Os telómeros são sequências de ADN repetidas em cada extremidade de um cromossoma que protegem os cromossomas da degradação e da fusão com outros cromossomas.

A telomerase é uma enzima que adiciona sequências de ADN repetitivas à extremidade 3' do ADN cromossómico para manter a integridade dos telómeros.

Elizabeth H. Blackburn, Carol W. Greider e Jack W. [11]Szostak foram galardoados conjuntamente com o Prémio Nobel da Fisiologia ou Medicina em 2009 por terem descoberto "como os cromossomas são protegidos pelos telómeros e pela enzima telomerase".

Bibliografia

Abidi, H., Gerboni, G., Brancadoro, M., Fras, J., Diodato, A., Cianchetti, M., Wurdemann, H., Althoefer, K., e Menciassi, A. (2018). Robô macio de 2 módulos altamente dextroso para navegação intra-órgão em cirurgia minimamente invasiva. Int J Med Robot *14*.

Aceto, N., Bardia, A., Miyamoto, D.T., Donaldson, M.C., Wittner, B.S., Spencer, J.A., Yu, M., Pely, A., Engstrom, A., Zhu, H., *et al.* (2014). Os aglomerados de células tumorais circulantes são precursores oligoclonais da metástase do cancro da mama. Cell *158*, 11101122.

ACS (2018). A história do cancro (American Cancer Society).

Alaoui-Jamali, M.A., Dupre, I. e Qiang, H. (2004). Previsão da sensibilidade e resistência aos medicamentos no cancro através de perfis transcricionais e proteómicos. Drug Resist Update *7*, 245-255.

Arem, H., & Loftfield, E. (2018). Epidemiologia do câncer: uma pesquisa de fatores de risco modificáveis para prevenção e sobrevivência. Am J Lifestyle Med *12*, 200-210.

Arnold, M., Pandeya, N., Byrnes, G., Renehan, A.G., Stevens, G.A., Ezzati, M., Ferlay, J., Miranda, J.J., Romieu, I., Dikshit, R., *et al.* (2015). Carga global de cancro atribuível a um índice de massa corporal elevado em 2012: um estudo de base populacional. Lancet Oncology *16*, 36-46.

Arriaga, M.E., Vajdic, C.M., Canfell, K., MacInnis, R., Hull, P., Magliano, D.J., Banks, E., Giles, G.G., Cumming, R.G., Byles, J.E., *et al.* (2017). O peso do cancro atribuível a factores de risco modificáveis: o consórcio australiano de coortes de cancro-PAF. BMJ Open *7*, e016178.

Artandi, S.E., e DePinho, R.A. (2010). Telómeros e telomerase no cancro. Carcinogenesis *31*,9-18.

Azuaje, F. (2016). Modelos computacionais para prever respostas a medicamentos na investigação do cancro. Brief Bioinform *18*, 820-829.

Baenke, F., Peck, B., Miess, H., & Schulze, A. (2013). Viciado em gordura: o papel da síntese de lipídios no metabolismo do câncer e no desenvolvimento do tumor. Modelos e mecanismos de doenças 6, 1353-1363.

Bagnardi, V., Rota, M., Botteri, E., Tramacere, I., Islami, F., Fedirko, V., Scotti, L., Jenab, M., Turati, F., Pasquali, E., *et al.* (2015). Consumo de álcool e risco de cancro específico do local: uma meta-análise abrangente de dose-resposta. Br J Cancer *112*, 580-593.

Bertoni, A.G., Krop, J.S., Anderson, G.F., e Brancati, F.L. (2002). Diabetes- Related Morbidity and Mortality in a National Sample of U.S. Elders. Diabetes Care *25*, 471.

Cainelli, F. e Vento, S. (2002). Infecções e rejeição de transplantes de órgãos sólidos: uma relação causal? Lancet Infect Dis 2, 539-549.

Candelaria, P.V., Rampoldi, A., Harbuzariu, A., & Gonzalez-Perez, R.R. (2017). Sinalização da leptina e quimiorresistência ao câncer: Perspectivas. Jornal Mundial de Oncologia Clínica 8, 106-119.

Cardis, E., e Hatch, M. (2011). O acidente de Chernobyl: uma perspetiva epidemiológica. Clin Oncol (R Coll Radiol) 23, 251-260.

CDC (2006). Como o fumo do tabaco causa doenças: The biological and behavioral bases of smoking-induced disease. Em The Health Consequences of Involuntary Exposure to Tobacco Smoke: A Report of the Surgeon General (Centros de Controlo e Prevenção de Doenças).

CDC (2015). Mortes e mortalidade 2015 (Centros de Controlo e Prevenção de Doenças).

CDC (2017). Novo relatório do CDC: Mais de 100 milhões de americanos têm diabetes ou pré-diabetes (Centro de Controlo e Prevenção de Doenças).

Chan, M.T., Lim, G.E., Skovso, S., Yang, Y.H., Albrecht, T., Alejandro, E.U., Hoesli, C.A., Piret, J.M., Warnock, G.L., e Johnson, J.D. (2014). Efeitos da insulina na progressão do cancro pancreático humano modelado in vitro. BMC Cancer 14, 814.

Chroscinski, D., Sampey, D., Maherali, N., Projeto Reprodutibilidade: Cancro, B., e Projeto Reprodutibilidade Cancro, B. (2015). Relatório registado: vascularização tumoral através da diferenciação endotelial de células estaminais de glioblastoma. Elife 4.

Cohen, J. (2018). Ética à parte, a experiência com o bebé CRISPR faz sentido do ponto de vista científico (Science Magazine).

CRUK (2014). Resumo da sobrevivência em Inglaterra e no País de Gales (2010-2011) (Cancer Research UK).

Cyranoski, D. (2018). O cientista do bebê CRISPR não consegue satisfazer os críticos (Nature Publishing Group).

Dennis, C. (2006). Espécies ameaçadas de extinção: hora de levantar o diabo. Nature 439, 530.

Djuric, U., Zadeh, G., Aldape, K., & Diamandis, P. (2017). Histologia de precisão: como o aprendizado profundo está pronto para revitalizar a histomorfologia para o tratamento personalizado do câncer. Npj Precis Oncol 1.

Dutta, D., Ghosh, S., Pandit, K., Mukhopadhyay, P. e Chowdhury, S. (2012). Leptina e cancro: Patogénese e modulação. Indian J Endocrinol Metab 16, S596-600.

Eisenhauer, E.A., Therasse, P., Bogaerts, J., Schwartz, L.H., Sargent, D., Ford, R., Dancey, J., Arbuck, S., Gwyther, S., Mooney, M., et al (2009). Novos critérios de avaliação da resposta em tumores sólidos: guia RECIST revisto (versão 1.1). Eur J Cancer 45, 228-247.

Elmore, S. (2007). Apoptose: uma revisão da morte celular programada. Toxicol Pathol 35, 495-516.

Engels, E.A., Pfeiffer, R.M., Fraumeni, J.F., Jr, Kasiske, B.L., Israni, A.K., Snyder, J.J., Wolfe, R.A., Goodrich, N.P., Bayakly, A.R., Clarke, C.A., *et al.* 2011. Spectrum of cancer risk among US solid organ transplant recipients (Espectro de risco de cancro entre receptores de transplantes de órgãos sólidos nos EUA). JAMA *306*, 1891-1901.

Epstein, B., Jones, M., Hamede, R., Hendricks, S., McCallum, H., Murchison, E.P., Schonfeld, B., Wiench, C., Hohenlohe, P., & Storfer, A. (2016). Resposta evolutiva rápida a um câncer transmissível em demônios da Tasmânia. Nat Commun *7*, 12684.

Ezzati, M., Henley, S.J., Lopez, A.D., e Thun, M.J. (2005). The role of smoking in global and regional cancer epidemiology: current trends and data needs. International Journal of Cancer *116*, 963-971.

Ferrari, M. (2005). Nanotecnologia no cancro: oportunidades e desafios. Nat Rev Cancer *5*, 161-171.

Fong, M. (2018). Antes das reivindicações dos bebés Crispr, havia a política do filho único da China (New York Times).

Gapstur, S.M., Drope, J.M., Jacobs, E.J., Teras, L.R., McCullough, M.L., Douglas, C.E., Patel, A.V., Wender, R.C., & Brawley, O.W. (2018). Um plano de ação para a prevenção primária do câncer: Visando fatores de risco estabelecidos e modificáveis. CA Cancer J Clin *68*, 446-470.

Gentles, A.J., Newman, A.M., Liu, C.L., Bratman, S.V., Feng, W., Kim, D., Nair, V.S., Xu, Y., Khuong, A., Hoang, C.D., *et al.* (2015). A paisagem prognóstica de genes e células imunes infiltradas em cânceres humanos. Nat Med *21*, 938-945.

Goh, K.T., Ding, J.L., Monteiro, E.H., e Oon, C.J. (1985). Hepatitis B infection in households of acute cases. J Epidemiol Community Health *39*, 123-128.

Gonzalez, P.S., O'Prey, J., Cardaci, S., Barthet, V.J.A., Sakamaki, J.I., Beaumatin, F., Roseweir, A., Gay, D.M., Mackay, G., Malviya, G., *et al.* (2018). A manose impede o crescimento do tumor e melhora a quimioterapia. Natureza *563*, 719-723.

Grivennikov, S.I., Greten, F.R., e Karin, M. (2010). Imunidade, inflamação e cancro. Cell *140*, 883-899.

Guo, Y.X., Walsh, A.M., Canavan, M., Wechalekar, M.D., Cole, S., Yin, X.F., Scott, B., Loza, M., Orr, C., McGarry, T., *et al.* (2018). A via PD-1 do inibidor do ponto de verificação imunológico é regulada negativamente na sinóvia em diferentes estágios da progressão da doença da artrite reumatoide. PLoS One *13*.

Hanahan, D., e Weinberg, R.A. (2011). Características do cancro: a próxima geração. Cell *144*, 646-674.

Hecht, S.S. (1997). Approaches to chemoprevention of lung cancer based on carcinogens in tobacco smoke. Environ Health Perspect *105 Suppl 4*, 955-963.

Hecht, S.S. (1999). Carcinogéneos do fumo do tabaco e cancro do pulmão. J Natl Cancer Inst *91*, 1194-1210.

Ingulli, E. (2010). Mecanismo de rejeição celular no transplante. Pediatr Nephrol *25*, 61-74.

Issenberg, P. (1976). Nitritos, nitrosaminas e cancro. Fed Proc *35*, 1322-1326.

Jianshiju (2018). O mercado chinês de medicamentos contra o cancro (Tencent).

Kastan, M.B., e Bartek, J. (2004). Checkpoints do ciclo celular e cancro. Nature *432*, 316-323.

Kerbel, R.S. (2008). Tumor Angiogenesis (Angiogénese tumoral). The New England journal of medicine *358*, 2039-2049.

Khakoo, S., Georgiou, A., Gerlinger, M., Cunningham, D., & Starling, N. (2018). DNA tumoral circulante, um biomarcador promissor para o tratamento do câncer colorretal. Crit Rev Oncol Hematol *122*, 72-82.

Kinsey, D.L. (1961). Effects of surgery upon cancer metastasis. JAMA *178*, 734735.

Lauby-Secretan, B., Scoccianti, C., Loomis, D., Grosse, Y., Bianchini, F., Straif, K., e Manuel, I.A.R.C. (2016). Body Fatness and Cancer - perspetiva do grupo de trabalho da IARC. New England Journal of Medicine *375*, 794-798.

Leung, N. (2005). HBV e cancro do fígado. Med J Malaysia *60 Suppl B,* 63-66.

Levine, J.A. (2011). Poverty and obesity in the U.S. Diabetes *60*, 2667-2668.

Li, M., Mustillo, S., & Anderson, J. (2018). Dinâmica da pobreza na infância e sobrepeso / obesidade na idade adulta: Descompactando a caixa preta da infância. Soc Sci Res *76*, 92-104.

Lomanto, D., Wijerathne, S., Ho, L.K., e Phee, L.S. (2015). Robô endoscópico flexível. Minim Invasive Ther Allied Technol *24*, 37-44.

Malumbres, M., e Barbacid, M. (2009). Ciclo celular, CDKs e cancro: um paradigma em mudança. Nature Reviews Cancer *9*, 153-166.

Martin, T.A., Ye, L., Sanders, A.J., e Jiang, W.G. (2000-2013). Cancer Invasion and Metastasis: Molecular and Cellular Perspective, M.C.B. Database, ed. (Austin, TX: Landes Bioscience).

Martinez-Lostao, L., Anel, A., & Pardo, J. (2015). Como os linfócitos citotóxicos matam as células cancerosas? Investigação Clínica do Cancro *21*, 5047-5056.

Mayo, R.C., & Leung, J. (2018). Inteligência artificial e aprendizagem profunda - a próxima fronteira da radiologia? Clin Imag *49*, 87-88.

McGranahan, N., & Swanton, C. (2017). Heterogeneidade clonal e evolução tumoral: passado, presente e futuro. Cell *168*, 613-628.

Miller, A.B., Hoogstraten, B., Staquet, M. e Winkler, A. (1981). Reporting results of cancer treatment. Cancer *47*, 207-214.

NBSC (2017). Anuário estatístico da China 2017 (Gabinete Nacional de Estatística da China).

NCCN (2018). Directrizes da NCCN para o tratamento do cancro por local (National Comprehensive Cancer Network).

NCI (2017). Terapia hormonal para o cancro da mama (Instituto Nacional do Cancro).

NCI (2018). Estatísticas do cancro (Instituto Nacional do Cancro).

Nishino, M., Ramaiya, N.H., Hatabu, H., & Hodi, F.S. (2017). Monitoramento do bloqueio do ponto de verificação imunológico: avaliação da resposta e desenvolvimento de biomarcadores. Nat Rev Clin Oncol 14, 655-668.

Niu, N. e Wang, L. (2015). Modelos de linhas celulares humanas in vitro para prever a resposta clínica a medicamentos anticancerígenos. Pharmacogenomics 16, 273-285.

NobelPrize.org (2018). Estilo MLA: Comunicado de imprensa: O Prémio Nobel da Fisiologia ou Medicina 2018 (Nobel Media AB).

Obrist, F., Michels, J., Durand, S., Chery, A., Pol, J., Levesque, S., Joseph, A., Astesana, V., Pietrocola, F., Wu, G.S., et al. (2018). Vulnerabilidade metabólica de cancros resistentes à cisplatina. Embo J 37.

Ohuchida, K., e Hashizume, M. (2013). Cirurgia robótica para o cancro. Cancer J 19, 130-132.

Olivier, M., Hollstein, M., e Hainaut, P. (2010). Mutações TP53 em cancros humanos: Origens, consequências e utilização clínica. Cold Spring Harbor Perspectives in Biology 2, a001008.

Ouyang, L., Shi, Z., Zhao, S., Wang, F.T., Zhou, T.T., Liu, B., & Bao, J.K. (2012). Vias de morte celular programada no cancro: uma revisão da apoptose, autofagia e necrose programada. Cell Prolif 45, 487-498.

Patel, J.N. (2015). Farmacogenómica do cancro: implicações para a diversidade étnica e a resposta aos medicamentos. Pharmacogenet Genomics 25, 223-230.

Pearse, A.M., e Swift, K. (2006). Teoria do aloenxerto: transmissão da doença do tumor facial do diabo. Nature 439, 549.

Peto, R., Lopez, A.D., Boreham, J., Thun, M. e Heath, C. (1992). Mortality from Tobacco in Developed-Countries - Indirect Estimation from National Vital-Statistics (Mortalidade causada pelo tabaco nos países desenvolvidos - Estimativa indireta a partir das estatísticas vitais nacionais). Lancet 339, 1268-1278.

Petros, W.P., e Evans, W.E. (2004). Farmacogenómica na terapia do cancro: a variabilidade do genoma do hospedeiro é importante? Trends Pharmacol Sci.

PRB (2012). Ficha de dados sobre a população mundial 2012 (Population Reference Bureau).

Qian, B.-Z. e Pollard, J.W. (2010). A diversidade de macrófagos promove a progressão do tumor e a metástase. Célula 141, 39-51.

Rajabi, M., & Mousa, S.A. (2017). O papel da angiogênese na terapia do câncer. Biomedicinas *5*.

Raytis, J.L., e Lew, M.W. (2000-2013). Surgical stress response and cancer metastasis: The Potential Benefit of Perioperative Beta Blockade. Em Madame Curie Bioscience Database [Internet] (Austin (TX): Landes Bioscience).

Ricci-Vitiani, L., Pallini, R., Biffoni, M., Todaro, M., Invernici, G., Cenci, T., Maira, G., Parati, E.A., Stassi, G., Larocca, L.M., *et al.* (2010). Vascularização tumoral através da diferenciação endotelial de células estaminais de glioblastoma. Nature *468*, 824828.

Schwarz, M., Giske, K., Stoll, A., Nill, S., Huber, P.E., Debus, J., Bendl, R. e Stoiber, E.M. (2012). IGRT versus não-IGRT para pacientes pós-operatórios de IMRT de cabeça e pescoço: consequências dosimétricas decorrentes de uma margem PTV reduzida. Radiat Oncol *7*, 133.

Shi, Y. (2002). Mecanismos de ativação e inibição da caspase durante a apoptose. Mol Cell *9*, 459-470.

Shorthouse, A.J., Smyth, J.F., Steel, G.G., Ellison, M., Mills, J. e Peckham, M.J. (1980). O xenoenxerto tumoral humano - um modelo válido para a quimioterapia experimental? Br J Surg *67*, 715-722.

Sinha, R., Kim, G.J., Nie, S. e Shin, D.M. (2006). Nanotecnologia na terapêutica do cancro: nanopartículas bioconjugadas para a administração de medicamentos. Mol Cancer Ther *5*, 1909-1917.

Soerjomataram, I., Shield, K., Marant-Micallef, C., Vignat, J., Hill, C., Rogel, A., Menvielle, G., Dossus, L., Ormsby, J.N., Rehm, J., *et al.* (2018). Cânceres relacionados ao estilo de vida e fatores ambientais na França em 2015. Eur J Cancer *105*, 103113.

SSM (2013). Estatísticas de saúde 2013 (Serviços de Saúde de Macau).

Statista (2018). Os 10 principais medicamentos contra o cancro no mundo em termos de receitas em 2017 (Statista).

Steward, B.W., Wild, C. P. (2014). Relatório Mundial sobre o Cancro 2014 (Centro de Comunicação Social da Organização Mundial de Saúde), pp. 630.

Tancredi, M., Rosengren, A., Svensson, A.-M., Kosiborod, M., Pivodic, A., Gudbjornsdottir, S., Wedel, H., Clements, M., Dahlqvist, S., e Lind, M. (2015). Excesso de mortalidade entre pessoas com diabetes tipo 2. New England Journal of Medicine *373*, 1720-1732.

Tatkare, D. (2015). Mercado de medicamentos oncológicos/cancerígenos por modalidades terapêuticas (quimioterapia, terapia dirigida, imunoterapia, hormonal), tipos de cancro (sangue, mama, gastrointestinal, próstata, pele, cancro respiratório/pulmonar)XIII.

- Global Opportunity Analysis and Industry Forecast, 2013 - 2020 (Allied Market

Research).

Therasse, P., Arbuck, S.G., Eisenhauer, E.A., Wanders, J., Kaplan, R.S., Rubinstein, L., Verweij, J., Van Glabbeke, M., van Oosterom, A.T., Christian, M.C., *et al.* (2000). Novas directrizes para a avaliação da resposta ao tratamento em tumores sólidos. Organização Europeia para a Investigação e Tratamento do Cancro, Instituto Nacional do Cancro dos Estados Unidos, Instituto Nacional do Cancro do Canadá. J Natl Cancer Inst 92, 205-216.

Tohme, S., Simmons, R.L., & Tsung, A. (2017). Cirurgia do câncer: um gatilho para metástases. Cancer Res 77, 1548-1552.

Tomczak, K., Czerwinska, P., & Wiznerowicz, M. (2015). O Atlas do Genoma do Cancro (TCGA): uma fonte incomensurável de conhecimento. Contemp Oncol (Pozn) /9, A68-77.

Urtishak, S., Alpaugh, R.K., Weiner, L.M., & Swaby, R.F. (2008). Utilidade clínica das células tumorais circulantes: um papel na monitorização da resposta à terapêutica e no desenvolvimento de medicamentos. Biomark Med 2, 137-145.

USPSTF (2018). Resumo da atualização final: Cancro da mama: Rastreio (Grupo de Trabalho dos Serviços Preventivos dos EUA).

Vander Heiden, M.G., Cantley, L.C., e Thompson, C.B. (2009). Compreender o efeito Warburg: os requisitos metabólicos da proliferação celular. Science 324, 1029-1033.

Vizirianakis, I.S., Mystridis, G.A., Avgoustakis, K., Fatouros, D.G., & Spanakis, M. (2016). Permitindo decisões personalizadas na medicina do câncer: A abordagem farmacológica desafiadora dos modelos PBPK para nanomedicina e farmacogenômica. Oncol Rep 35, 1891-1904.

Voron, T., Marcheteau, E., Pernot, S., Colussi, O., Tartour, E., Taieb, J., e Terme, M. (2014). Controle da resposta imune por fatores pró-angiogênicos. Front Oncol 4, 70.

Weidle, U.H., Birzele, F., Kollmorgen, G., & Ruger, R. (2017). Múltiplos papéis dos exossomos na metástase. Genómica do cancro Proteómica /4, 1-15.

Welch, D.R. (2006). Precisamos de redefinir as definições de metástases e estadiamento do cancro? Breast disease 26, 3-12.

Whiteman, D.C., e Wilson, L.F. (2016). Frações de cancro atribuíveis a fatores modificáveis: uma revisão global. Cancer Epidemiol 44, 203-221.

OMS (2018). Vírus da hepatite B (Organização Mundial de Saúde).

Wikipédia (2018). História do cancro (Wikepedia).

Winer, R.L., Hughes, J.P., Feng, Q.H., O'Reilly, S., Kiviat, N.B., Holmes, K.K., e Koutsky, L.A. (2006). Condom use and the risk of genital human papillomavirus infection in young women (Uso de preservativos e o risco de infeção genital pelo papilomavírus humano em mulheres jovens). New England Journal of Medicine

354, 2645-2654.

Witsch, E., Sela, M. e Yarden, Y. (2010). Papéis dos factores de crescimento na progressão do cancro. Physiology (Bethesda) *25*, 85-101.

Witt, J. (2016). 30 anos depois de Chernobyl e 5 anos depois de Fukushima - O que é que aprendemos?

Wolf, M.J., Hoos, A., Bauer, J., Boettcher, S., Knust, M., Weber, A., Simonavicius, N., Schneider, C., Lang, M., Sturzl, M., *et al.* (2012). A sinalização endotelial CCR2 induzida por células de carcinoma do cólon permite o extravasamento através da via JAK2-Stat5 e p38MAPK. Cancer Cell *22*, 91-105.

Wong, A.H. (2018). Efeitos secundários de medicamentos comuns para o cancro da mama. SF Drug Deliv Res J *2*, 1000016.

Wong, J.K., e Wong, A.H. (2017). Teste de sensibilidade a medicamentos para terapia personalizada do cancro. SF Drug Deliv Res J *1*, 1000008.

Xu, S., Zhang, Y., Jia, L., Mathewson, K.E., Jang, K.I., Kim, J., Fu, H., Huang, X., Chava, P., Wang, R., *et al.* (2014). Conjuntos microfluídicos flexíveis de sensores, circuitos e rádios para a pele. Science *344*, 70-74.

Xue, Y., Chen, S.H., Qin, J., Liu, Y., Huang, B.S., e Chen, H.W. (2017). Aplicação de aprendizado profundo na análise automatizada de imagens moleculares em câncer: uma pesquisa. Contrast Media Mol I.

Yanik, E.L., Smith, J.M., Shiels, M.S., Clarke, C.A., Lynch, C.F., Kahn, A.R., Koch, L., Pawlish, K.S., & Engels, E.A. (2017). Risco de câncer após transplante pediátrico de órgãos sólidos. Pediatria *139*, e20163893.

Zitvogel, L., e Kroemer, G. (2012). Visando as interações PD-1 / PD-L1 para imunoterapia contra o câncer. Oncoimunologia *1*, 1223-1225.

Printed by Books on Demand GmbH, Norderstedt / Germany